高职高专计算机应用专业规划教材
企业信息化岗位技能培训系列教材

Java 程序设计案例教程

关　忠　金　颖　主　编
戴丽丝　高　虎　副主编
周　鹏　主　审

電子工業出版社
Publishing House of Electronics Industry
北京·BEIJING

内 容 简 介

"Java 程序设计"是计算机专业重要的基础课程，也是计算机网络及软件相关专业中常设的一门课。本书采用"任务驱动、案例教学"的方法，突出实例与理论的紧密结合，主要介绍 Java 开发和运行环境、Java 基础语法、面向对象程序设计、图形用户界面设计、文件输入/输出流操作、线程、网络和数据及安卓手机开发基础等知识，并通过指导学生实训，加强实践，强化技能培养。

本书具有知识系统、案例丰富、语言简洁、突出实用性、适用范围广及便于学习掌握等特点，并且采取新颖活泼的版面风格设计，适用于高职高专及各类院校计算机应用及软件专业的教学，也可用于广大企事业单位 IT 从业人员的职业教育和在职培训；对于社会自学者来说，这也是一本有益的科技读物。

图书在版编目（CIP）数据

Java 程序设计案例教程/关忠，金颖主编 .—北京：电子工业出版社，2013.8
高职高专计算机应用专业规划教材/企业信息化岗位技能培训系列教材
ISBN 978-7-121-21036-5

Ⅰ.①J… Ⅱ.①关… ②金… Ⅲ.①JAVA 语言-程序设计-高等职业教育-教材 Ⅳ.①TP312

中国版本图书馆 CIP 数据核字（2013）第 163623 号

策划编辑：束传政
责任编辑：贺志洪
特约编辑：薛　阳　徐　堃
印　　刷：涿州市京南印刷厂
装　　订：涿州市京南印刷厂
出版发行：电子工业出版社
　　　　　北京市海淀区万寿路 173 信箱　邮编 100036
开　　本：787×1092　1/16　印张：16.25　字数：416 千字
印　　次：2013 年 8 月第 1 次印刷
印　　数：3000 册　定价：35.00 元

序 言

微电子技术、计算机技术、网络技术、通信技术、多媒体技术等高新科技日新月异的飞速发展和普及应用，不仅有力地促进了世界各国经济的发展，加速了全球经济一体化的进程，而且使当今世界迅速跨入到信息社会；以计算机为主导的计算机文化，正在深刻地影响着人类社会的经济发展与文明建设；以网络为基础的网络经济，也在全面地改变着人们传统的生活方式、工作方式和商务模式。

随着我国改革开放进程的加快，随着我国加入 WTO，随着我国市场经济体制不断完善与发展，中国经济正在迅速融入世界经济，中国市场国际化的特征越来越明显。中国经济发展快，并保持着持续、高速增长的态势，进入到一个最为活跃的发展时期，这一切都离不开高新科技的支持，都需要计算机、网络、通信、多媒体等现代化技术手段的支撑；同时，这也是信息技术广泛应用的丰硕成果。为此，国家出台了一系列关于加强计算机应用和推动国民经济信息化进程的文件及规定，启动了电子商务、电子政务、金税等富有深刻意义的重大工程，加速推进金融信息化、财税信息化、企业信息化和教育信息化，全社会掀起了新一轮的计算机学习与应用的热潮。

处于网络时代、信息化社会，今天人们的所有工作都已经计算机化、网络化。随着国民经济信息化进程的加快，更需要强调计算机应用与行业、与企业的结合，更要注重计算机应用与本职工作、与具体业务的结合。计算机应用与工作结合的深度和广度已成为评测和考察一个人能否就业上岗、是否胜任本职工作的重要条件。目前，我国正处于改革与发展的关键时期，面对激烈的市场竞争，面临就业上岗的巨大压力，无论是即将毕业的学生，还是下岗、转岗人员，努力学习计算机，真正熟练操作计算机，对于今后的发展都具有特殊意义。

针对我国高职教育“计算机应用”等信息技术应用专业知识老化、教材陈旧、重理论轻实践、缺乏实际操作技能训练等问题，为了适应我国国民经济信息化发展对计算机应用人才的需要，为了全面贯彻国家教育部关于“加强职业教育”的精神和“强化实践实训、突出技能培养”的要求，根据企业用人与就业岗位的实际需要，结合高职高专院校“计算机应用”和“网络安全”等专业的教学计划及课程设置与调整的实际情况，我们组织北京联合大学、北方工业大学、北京财贸职业学院、首钢工学院、北方工业技术学院、北京石景山社区学院、北京城市学院、北京西城经济科学大学、北京朝阳社区学院、北京宣武社区学院、黑龙江工商大学等全国 30 多所高校及高职院校中多年在一线从事计算机教学的主讲教师和具有丰富实践经验的企业人士共同撰写了这套教材。

本套教材包括《计算机应用基础实例教程》（第 3 版）、《计算机组装与维护实训教程》、《多媒体技术应用实例教程》、《Java 程序设计案例教程》、《SQL Server 2008 数据库应用案例教程》、《管理信息系统教程》等十几本书。在编写过程中，全体作者注意自觉地以科学发展观为统领，严守统一的创新型格式化设计，采取任务制或项目制写法；注重校企结合、贴近行业企业岗位实际，注重实用性技术与能力的训练培养，注重实践技能应用与工作背景紧密结合，同时注重计算机、网络、通信、多媒体等现代化信息技术的新发展，使本套教材具有集成性、系统性、针对性、实用性等特点，形式新颖，易于实施教学。

本套教材不仅适用于高职高专“计算机应用”和“网络安全”等专业及经济管理、税务、财会、金融类各专业学生的学历教育，也可作为广大工商流通企事业单位从业人员的职业教育和在职培训教材；对于社会自学者来说也是一本有益的读物。

系列教材编委会

2010 年 6 月

前　言

随着微电子技术的崛起，电子计算机、网络通信、多媒体等IT信息技术的应用发展日新月异；作为信息化的核心支撑和关键技术，程序设计、软件开发、系统集成、网络布设等，不仅在企业经营、政府管理、社会生活中发挥着重要作用，而且有力、有效地促进和推动着国民经济信息化快速发展的进程。

跨平台网络语言——Java，在网络开发、网络系统集成、网络应用中发挥着重要作用，并伴随因特网的广泛应用而得以迅速普及。“Java程序设计”是计算机专业重要的基础课程，也是计算机网络及软件相关专业中常设的一门专业课。当前，学习掌握好Java程序设计，已经成为网站及网络信息系统从业工作的先决和必要条件。

目前我国正处于经济改革与社会发展的关键时期，随着国民经济信息化、企业信息技术应用的迅猛发展，面对IT市场的激烈竞争，面对就业上岗的巨大压力，无论是即将毕业的计算机应用专业、软件专业、网络专业学生，还是从业在岗的IT工作者，努力学好、用好Java程序设计语言，真正掌握现代化编程工具，对于今后的发展都具有特殊意义。

本书作为高职高专计算机应用专业的特色教材，全书共8章，以学习者应用能力培养提高为主线，坚持以科学发展观为统领，严格按照国家教育部关于“加强职业教育、突出实践技能培养”的要求，根据高职高专教学改革的需要，依照Java程序设计学习应用的基本过程和规律，采用“任务驱动、案例教学”写法，突出“实例与理论的紧密结合”，循序渐进地进行知识要点讲解。

具体内容包括：Java开发和运行环境、Java基本语法、面向对象程序设计、图形用户界面设计、文件输入/输出流操作、线程、网络和数据库设计、安卓手机开发基础等知识，并通过指导学生实训、加强实践、强化应用技能培养。

由于本书融入了Java程序设计的最新实践教学理念，力求严谨、注重与时俱进，具有知识系统、案例丰富、语言简洁、突出实用性、适用范围广及便于学习掌握等特点，且采取新颖活泼的版面风格设计，因此本书既可作为高职高专及应用型大学计算机应用及软件专业学生教学的首选教材，也可用于广大企事业单位、IT从业人员的职业教育和在职培训，对于广大社会自学者也是一本有益的科技读物。

本书由李大军进行总体方案策划并具体组织，关忠、金颖为主编，关忠统改稿，戴丽丝、高虎为副主编；由我国信息化专家周鹏高级工程师审定。作者编写分工：牟惟仲（序言），金颖（第1章），戴丽丝（第2章），丁立军（第3章），李晗静（第4章），高虎（第5章、第8章），吴霞（第6章），关忠（第7章），戴丽丝、翟然（附录），华燕萍（文字修改和版式调整），李晓新（制作教学课件）。

在本书编著过程中，我们参阅和借鉴了中外有关Java程序设计与应用的最新书刊资料，并得到编委会有关专家教授的具体指导，在此一并致谢。为了方便教师教学和学生学习，我们提供各章节的Java源代码及配套的电子课件，读者可以从电子工业出版社网站（www.phei.com.cn）免费下载使用。由于作者水平有限，书中难免存在疏漏和不足，因此恳请专家、同行和读者予以批评指正。

编者

2013年6月

目　录

第 1 章　Java 语言概述 ······ 1

1.1　Java 语言程序设计基础 ······ 2
1.2　初阶案例 ······ 10
1.3　常用的 Java 集成开发环境 ······ 13
1.4　高阶案例 ······ 17

第 2 章　比较大小 ······ 25

2.1　Java 基本语法 ······ 26
2.2　初阶案例 ······ 39
2.3　数组 ······ 41
2.4　高阶案例 ······ 43

第 3 章　车辆信息显示 ······ 53

3.1　面向对象程序设计基础知识 ······ 54
3.2　初阶案例 ······ 59
3.3　面向对象程序设计扩展知识 ······ 61
3.4　高阶案例 ······ 68

第 4 章　计算器 ······ 74

4.1　界面设计与布局管理器 ······ 75
4.2　事件处理 ······ 89
4.3　初阶案例 ······ 95
4.4　异常处理 ······ 101
4.5　高阶案例 ······ 105

第 5 章　文本编辑器 ······ 111

5.1　文本编辑器设计的相关知识 ······ 112
5.2　初阶案例 ······ 119
5.3　输入/输出流和文件 ······ 131
5.4　高阶案例 ······ 135

第 6 章　赛马游戏 …… 141

6.1　图形处理 …… 142
6.2　初阶案例 …… 145
6.3　多线程 …… 147
6.4　高阶案例 …… 157

第 7 章　网络即时通信 …… 166

7.1　网络程序设计 …… 167
7.2　初阶案例 …… 176
7.3　数据库程序设计 …… 187
7.4　高阶案例 …… 194

第 8 章　Android 应用 …… 216

8.1　Android 程序设计基础 …… 217
8.2　初阶案例 …… 222
8.3　了解 Android 程序项目的架构和执行流程 …… 225
8.4　高阶案例 …… 228

附录 A　Java 常用类 …… 239

附录 B　Java 常用异常 …… 247

参考文献 …… 248

第 1 章 Java 语言概述

本章引言

Java 语言是一种简单易用、完全面向对象、安全可靠、主要面向 Internet 且具有最棒的跨平台可移植性的开发工具。在本章中，主要通过几个比较简单的案例，使读者对于 Java 语言能有一个初步的认识，掌握常用 Java 开发环境的基本配置，掌握 Java 程序设计中最基础的知识。

在初阶案例中，将完成 JDK 开发环境的基本配置，并在记事本中分别编写一个 Java应用程序和一个 Java 小程序，实现最基本的信息输出功能，运行效果如图 1-1 和图 1-2 所示。

在高阶案例中，引入了 Eclipse 开发环境（IDE），通过这个开发环境可以方便快捷地开发 Java 程序，如图 1-3 所示，其界面就是使用这种集成开发环境编写的程序界面。

从现在开始，Java 语言将带领读者进入一个全新的领域。

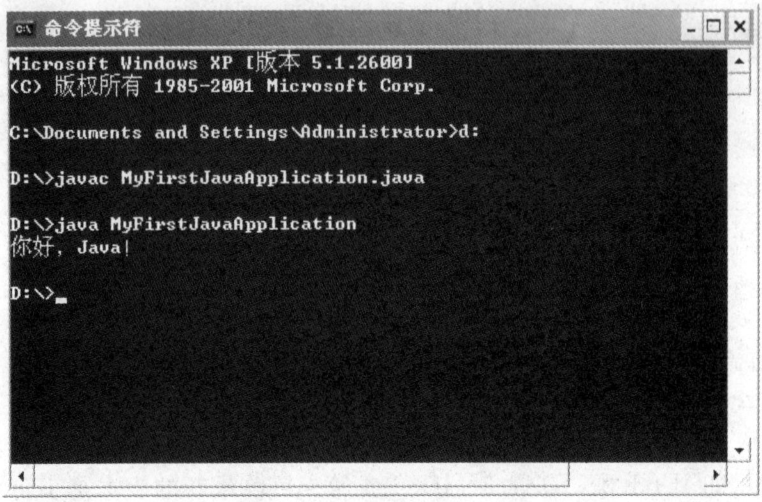

图 1-1 Java 应用程序的运行结果

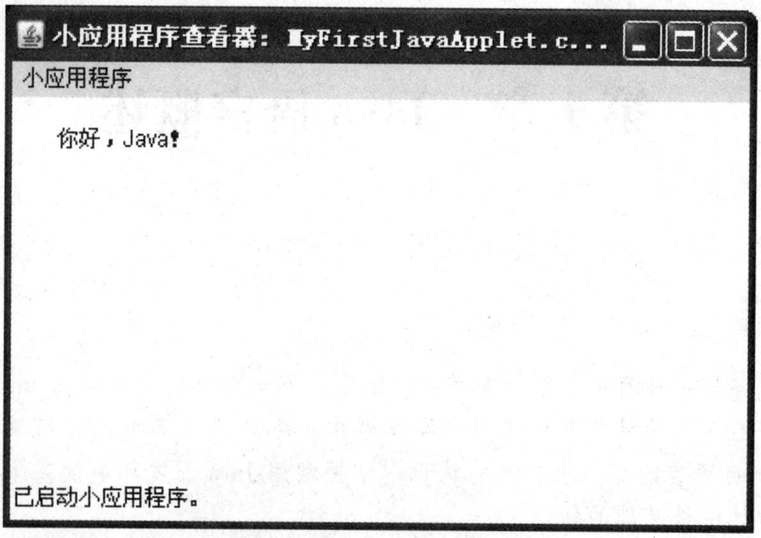

图 1-2　Java 小应用程序的运行结果

图 1-3　高阶案例运行结果

1.1　Java 语言程序设计基础

要学好一门程序设计语言，首先要熟悉它的开发运行环境，还要熟悉其开发出的程序的基本结构。本节将主要介绍 Java 语言的开发运行环境和两种 Java 程序的基本结构，从而熟悉 Java 语言的基本语法格式。

1.1.1　Java 的开发运行环境

Oracle 公司提供了自己的一套 Java 语言开发环境，通常称之为 JDK（Java Development Kit），并且提供了多种操作系统下的 JDK。随着时间推移和技术进步，JDK 版本不断升级，如 JDK1.2、JDK1.3、JDK1.4 等。目前最新的版本是 JDK 7（也就是 JDK1.7）。

不同操作系统下的 JDK 的各种版本在使用上基本相似，用户可以根据自己的使用环境，从 Oracle 公司的网站（网址为 http：//www.oracle.com/technetwork/java/index.html）下载相应的版本。本书中所使用的是基于 Windows 平台下的 JDK 6。

Windows 下的 JDK 的安装过程非常简单，这里就不多说了。安装完成后，工具包中的所有内容都会放在 JDK 安装文件夹下，其中的 bin 文件夹中包含了所有相关的可执行文件，如图 1-4 所示。

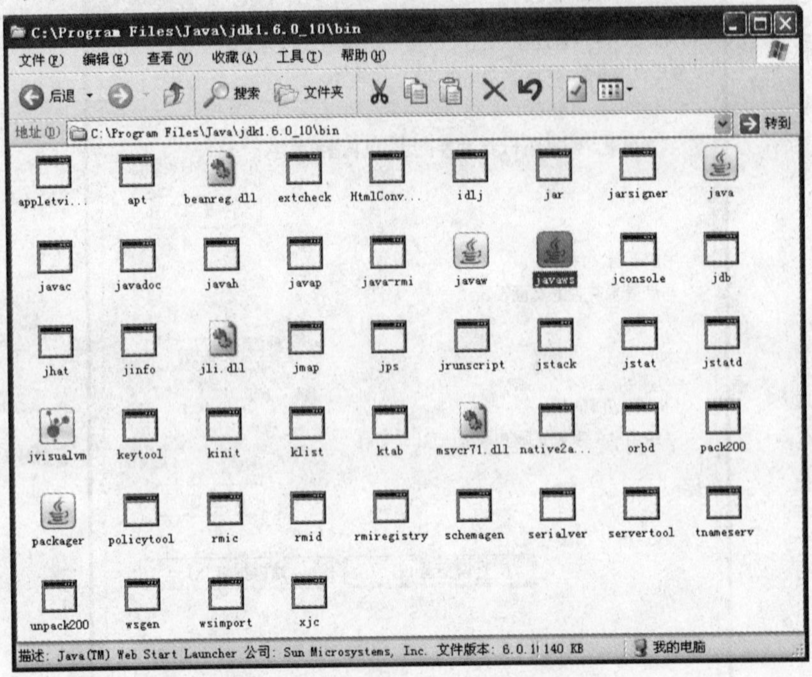

图 1-4　JDK 安装文件夹下的 bin 文件夹

在 bin 文件夹中，javac.exe 是 Java 的编译工具。Java 源文件的扩展名为 .java，源文件被编译后在其所在的文件夹中生成相应的字节码文件，字节码文件的扩展名为 .class。java.exe 是 Java 的解释工具，负责解释、执行 Java 字节码文件。

安装 JDK 后，若使用记事本编写 Java 程序，在命令窗口中通过相关命令进行 Java 程序的编译和解释执行，通常需要设置系统中的 Path 和 CLASSPATH 这两个环境变量。

①Path：用于设置外部命令搜索路径。

②CLASSPATH：用于设置类资源位置搜索路径。

下面以 Windows XP 为例，介绍如何设置系统环境变量。

（1）执行“开始”→“控制面板”，在“控制面板”窗口中双击“系统”图标。或右击“我的电脑”，在弹出的快捷菜单中选择“属性”命令。

（2）在弹出的“系统属性”对话框中，选择“高级”选项卡，如图 1-5 所示。

（3）单击“环境变量”按钮，在弹出的“环境变量”对话框中，有上、下两个窗口，上面窗口名为“XXX 的用户变量”（在这里是“Administrator”，即管理员的用户变量），下面窗口名为“系统变量”，如图 1-6 所示。

可以在任意一个窗口进行设置，方法相同。区别在于上面窗口中的设置用于 XXX 用户的环境变量，只有以该用户身份登录系统时才会生效；下面窗口中的设置对所有用户都有效。这里设置的是系统变量。

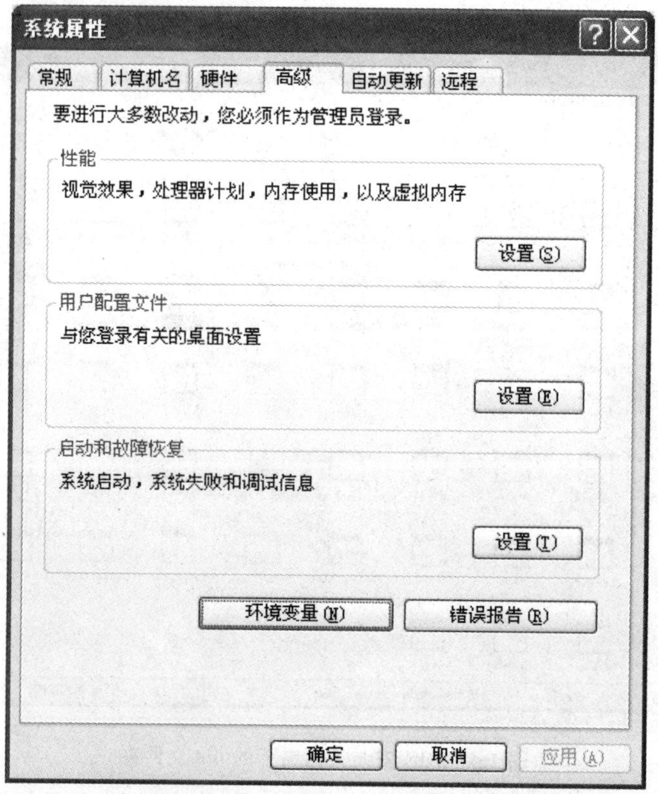

图 1-5　系统属性——“高级”选项卡

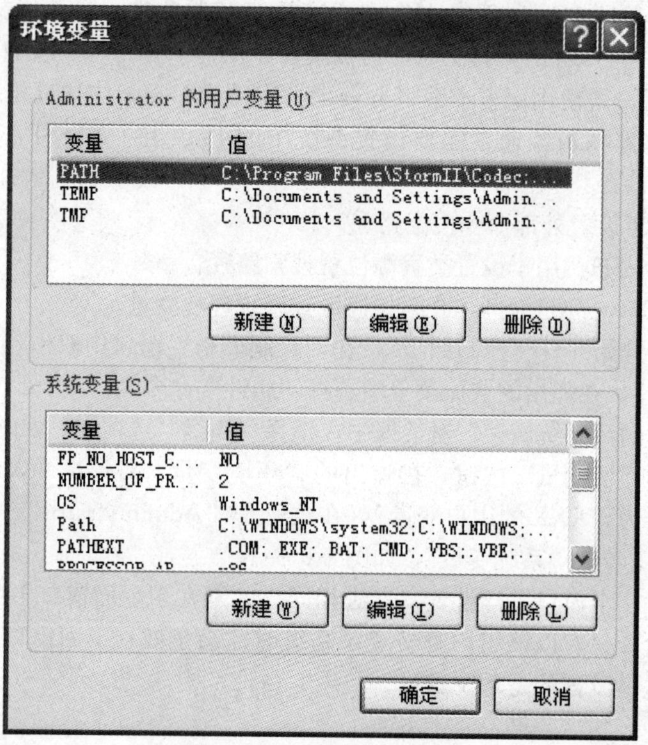

图 1-6　“环境变量”对话框

(4) 对于已经存在的环境变量，如 Path，需要在相应窗口中选中该变量，然后单击“编辑”按钮。在弹出的“编辑系统变量”对话框中，不改变原变量值的同时，在后面增加“; C: \ Program Files \ Java \ jdk1. 6. 0 _ 10 \ bin”的内容，如图 1-7 所示。

最后，单击“确定”按钮，完成对 Path 环境变量的编辑。

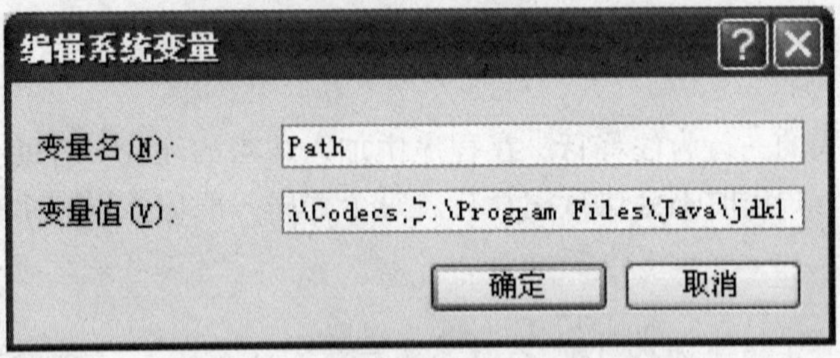

图 1-7 “编辑系统变量”对话框

(5) 对于不存在的环境变量，如 CLASSPATH，需要直接单击“新建”按钮。在弹出的“新建系统变量”对话框中，输入变量名“CLASSPATH”，输入变量值“.; C: \ Program Files \ Java \ jdk1. 6. 0 _ 10 \ lib; C: \ Program Files \ Java \ jdk1. 6. 0 _ 10 \ lib \ tools. jar”，如图 1-8 所示。

最后，单击“确定”按钮，完成对 CLASSPATH 环境变量的创建。

图 1-8 “新建系统变量”对话框

(6) 环境变量设置完成后，就可以开始编写 Java 程序了。

小提示

● Path 环境变量的变量值应该设置成当前系统 JDK 安装文件夹下的 bin 子文件夹。CLASSPATH 环境变量的变量值应该设置成当前系统 JDK 安装文件夹下的 lib 子文件夹及其中的 tools. jar 文件。环境变量值的结尾没有任何符号，不同值之间用分号“;”隔开（UNIX 操作系统中用“:”）。

● CLASSPATH 变量值中的点号“.”表示当前目录。为了简化设置，可以设置 JAVA _ HOME 环境变量，用于说明当前系统下的 JDK 安装文件夹。在设置 Path 和 CLASSPATH 环境变量时，使用“%JAVA _ HOME%”来代替 JDK 的安装文件夹。

1.1.2 Java 程序的基本结构

使用 Java 可以开发出两种不同的 Java 程序：Java Application（Java 应用程序）和 Java Applet（Java 小应用程序）。下面介绍这两种 Java 程序的基本结构。

1. Java 应用程序

典型的 Java 应用程序主要由以下几个部分组成。

（1）注释

用“//”开头的一行为注释行。在程序中加入适当的注释，有助于提高程序的可读性。系统在运行程序时不会执行注释行。每个程序一般应该以一个描述程序目的的注释开始。

（2）类定义

Java 程序的基本组成部分是类（class），且每个独立的 Java 程序均由至少一个类的定义构成，如基础实例中的 MyFirstJavaApplication 类。一个 Java 程序文件中可以定义多个类，但仅允许至多有一个公共类（public class），而且源程序文件名要与公共类的名称完全相同（注意，大小写也要完全一致）。

Java 程序类定义的基本格式是：

```
[类的修饰符]class 类名{
    构成类的实体的各种代码
}
```

（3）main 方法

Java 应用程序执行的起点是 main()方法，因此每个 Java 应用程序中必须有且只能有一个 main()方法；并且如果有公共类的话，该方法必须定义在公共类中。main 方法有固定的书写格式：

```
public static void main(String args[]){
……
}
```

（4）方法实现

在 Java 程序中，由方法实现程序要完成的功能，方法的实现由一条条语句组成。每条语句都必须以分号“;”作为结束。在基础实例中，只有一条语句，它的作用就是在命令窗口打印输出相应的内容。

在命令窗口中打印输入结果，主要有以下两种方法：

①输入“System. out. println("你好，Java!");”语句，表示输出“你好，Java!”后，光标将移到下一行的开始位置（回车换行）。

②输入“System. out. print("你好，Java!");”语句，表示输出“你好，Java!”后，光标将停留在当前位置（不回车换行）。

（5）Java 应用程序的执行

Java 应用程序的执行过程如图 1-9 所示。

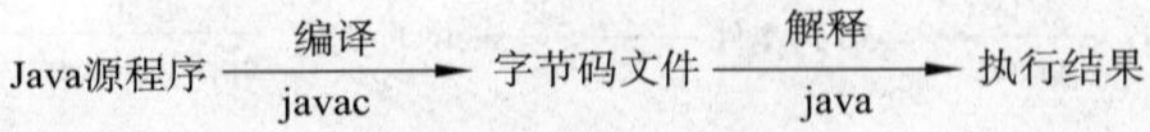

图 1-9　Java 应用程序的执行过程

2. Java 小应用程序

Java 小应用程序也是使用 Java 语言编写的一段程序代码，但是它必须嵌入到 HTML语言中，在浏览器环境中运行。以下就是一个简单的 Java 小应用程序，其功能与基础实例中的 Java 应用程序类似，也是打印相应的内容，只不过是显示在网页中。

```
//filename:MyFirstJavaApplet. java
//A first Applet in java
import java. awt. Graphics;
import java. applet. Applet;
public class MyFirstJavaApplet extends Applet{
    public void paint(Graphics g){
        g. drawString("你好,Java!" , 25, 25);
    }
}
```

(1) 装载类库

使用 import 语句可以装载 Java 程序中所需要的类。在一个 Java 源文件中，可以有多条 import 语句，要用“;”分隔。编写 Java 小应用程序，至少需要装载两个类。

(2) 类定义

所有的 Java 小应用程序都继承自 Applet 类，因此在 Java 小应用程序中，至少有一个类的类定义格式如下：

```
[类的修饰符] class 类名 extends Applet{
    构成类的实体的各种代码
}
```

(3) 方法定义

Java 小应用程序通过方法 paint()在小应用程序窗口界面中输出内容，paint()要求 Graphics 类的对象 g 作为它的参数。

(4) 方法实现

通过 Graphics 类的对象 g，调用其中的方法 drawString 来完成字符串的输出。drawString 方法的第一个参数是要输出的字符串，第二个参数是输出位置的横坐标，第三个参数是输出位置的纵坐标。

(5) Java 小应用程序的执行

Java 小应用程序的执行过程如图 1-10 所示。

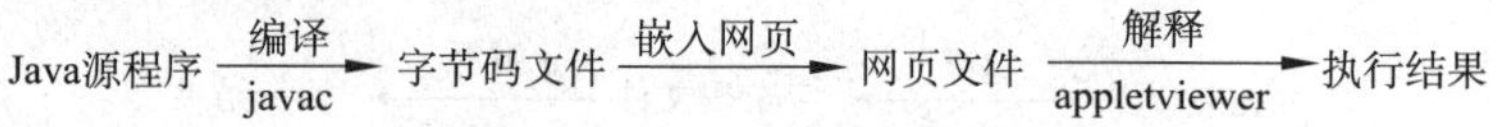

图 1-10　Java 小应用程序的执行过程

请注意，由于 Java 小应用程序不是一个能够单独运行的程序，需要借助于支持Java的浏览器来运行，因此需要将其嵌入到 HTML 文件中，具体方法如下：

```
<html>
    <head>
        <title>  An Java Applet Example </title>
    </head>
    <body>
        <applet code=" MyFirstJavaApplet. class" width=" 400" height=" 200" >
        </applet>
    </body>
</html>
```

其中，用<applet>标记符启动 Java 小应用程序，code 属性用于指明要执行的字节码文件，width 和 height 用于指明 Java 小应用程序所占的宽度和高度。

1. 1. 3　Java 的基本语法格式

任何一种语言都有基本的语法格式。Java 语言是由标识符及各种符号构成的，本节将主要介绍相关的基本语法格式。

1. 标识符

在 Java 语言中，标识符用于为各种变量、数组、方法、类、对象、接口、包等命名。Java 标识符的命名规则如下：

①Java 标识符由字母、数字、下划线（ _ ）和美元符号（ $ ）组成，长度不限。

②Java 标识符的第一个字母必须是字母、下划线（ _ ）或美元符号（ $ ）。

③尽可能避免使用含“ $ ”的标识符，因为它们常被编译器用来创建标识符的名字。

④Java 标识符严格区分大小写。

⑤用户不能直接使用 Java 语言中的关键字作为标识符；但是标识符中可以包含关键字，作为其名字的一部分。

⑥在同一作用域内，一般不允许有同名的标识符。

为了提高程序的可读性，标识符的命名最好能够做到“见名知义”，而且规范大小写的使用方式。通常情况下，对于标识符有以下风格约定。

①“ _ ”和“ $ ”一般不作为变量名、方法名的开头。

②包名：全部小写，例如 java、applet、awt 等。

③接口名、类名：每个单词的首字母都要大写，例如 MyFirstJavaApplication、System、Graphics 等。

④变量名、对象名、方法名：第一个单词全部小写，其余单词只有首字母大写，

例如 anyVariableWorld、drawString 等。

⑤常量名：全部大写，例如 PI、MAX_VALUE 等。

小提示

Java 程序采用 16 位的 Unicode 字符集。若采用其他字符集，则在编译时必须将其转换成 Unicode 字符。目前广泛使用的 ASCII 字符集可以视为 Unicode 字符集的一个子集。

2. 关键字

关键字是由 Java 语言定义的，具有特殊含义的字符序列。每个关键字都有一种特定的含义，不能将关键字作为普通标识符来使用。所有的 Java 关键字一律用小写字母表示。

Java 语言的关键字如表 1-1 所示，后面将一一介绍。

表 1-1　Java 关键字

abstract	boolean	break	byte	case	catch	char	class
continue	default	do	double	else	extends	false	final
finally	float	for	if	implements	import	instanceof	int
interface	long	native	new	null	package	private	protected
public	return	short	static	super	switch	synchronized	this
throw	throws	transient	true	try	void	volatile	while

小提示

goto 和 const 虽然在 Java 中从未被使用，但也作为 Java 关键字保留，因此不能将它们直接用作标识符。

3. 分隔符

Java 程序的分隔符用于区分 Java 源程序中的基本成分，分为注释、空白符和普通分隔符三种。

(1) 注释

在程序中适当地加入注释是一种良好的编程习惯，这样会增强程序的可读性。注释不能放在一个标识符或关键字之中，也就是说，要保证程序中最基本元素的完整性。注释不会影响程序的执行结果，编译器将忽略注释。

在 Java 中，主要有以下三种注释形式。

①单行注释：//注释部分——只对当前行有效。

②多行注释：/*注释部分*/。

③文档注释：/**注释部分*/。

JDK 中提供了一个文档自动生成工具 javadoc。在自定义类中，public 的成员前以 /**…*/形式加入的注释内容均可被自动提取到生成的说明文档（HTML 文档）中。

（2）空白符

空白符包括空格、回车、换行和制表符（Tab 键）。各种 Java 基本成分之间的多个空白符与一个空白符的作用相同。在编译过程中，编译器会忽略空白符。在程序中适当地使用空白符，可以增强程序的可读性。

（3）普通分隔符

普通分隔符具有确定的含义，不能用错。Java 中主要有以下四种分隔符。

① {}（大括号）：用于定义语句块，例如定义类体、方法体和复合语句以及数组的初始化等。

②;（分号）：作为语句结束的标志。

③,（逗号）：用于区分方法的各个参数，区分变量说明的各个变量。

④:（冒号）：作为语句的标号。

1.2 初阶案例

本案例将通过两个简单而完整的实例来说明 Java 应用程序和 Java 小程序的典型开发过程。Java 是解释执行的编程语言，所以 Java 程序的开发通常需要经过编写源程序、编译生成字节码文件和运行等几个过程。

1.2.1 案例简介

本案例包括两个 Java 程序。第一个程序要求编写一个最简单的 Java 应用程序，实现在命令窗口显示指定的文字信息，运行结果如图 1-11 所示。第二个程序要求编写一个最简单的 Java 小应用程序，实现在浏览器窗口显示指定的文字信息，运行结果如图 1-12所示。

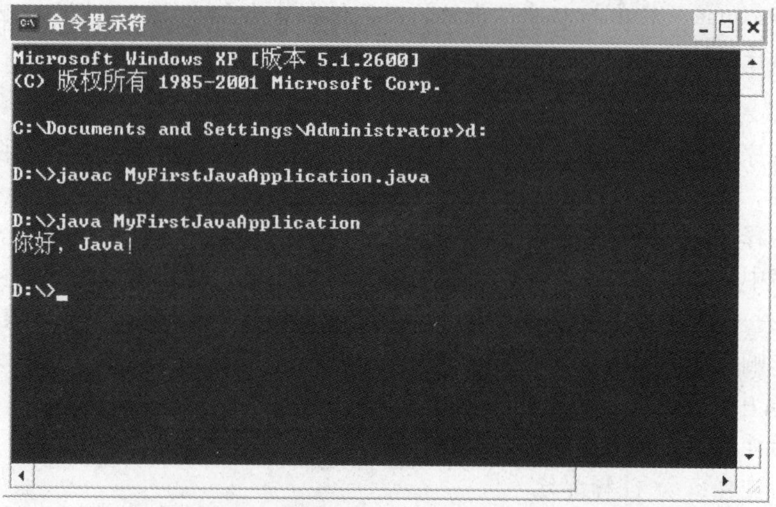

图 1-11　MyFirstJavaApplication 程序的运行结果

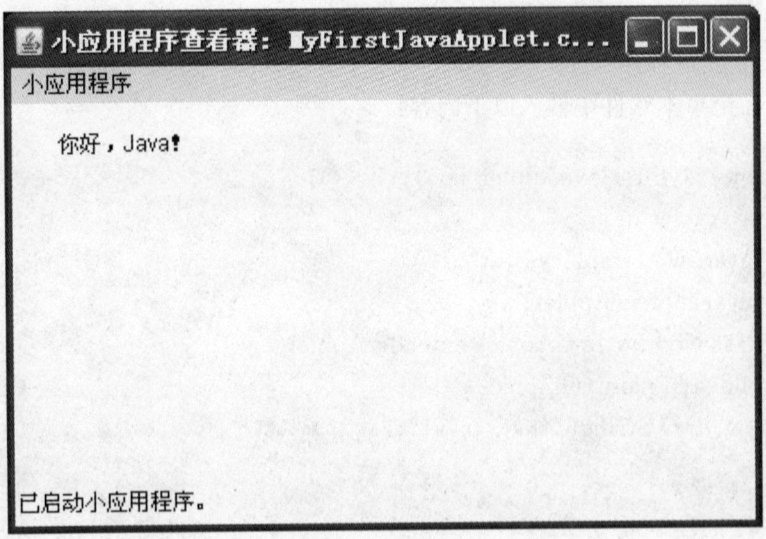

图 1-12　MyFirstJavaApplet 程序的运行结果

1.2.2　案例程序设计

1. Java 应用程序

首先，打开“记事本”软件；然后，在记事本中输入以下内容：

```
//MyFirstJavaApplication. java
public class MyFirstJavaApplication{
    public static void main(String args[]){
        System. out. println("你好,Java!");
    }
}
```

输入完成后，执行“文件”→“保存”命令，在弹出的“另存为”对话框中，选择相应的保存位置，并将文件名设置为“MyFirstJavaApplication. java”，将保存类型设置为“所有文件”。最后，单击“保存”按钮，即可完成第一个 Java 应用程序的编写工作。

在 Windows 系统主界面，执行“开始”→“运行”，在弹出的“运行”对话框中输入“cmd”，然后单击“确定”按钮；或执行“开始”→“所有程序”→“附件”→“命令提示符”，在命令窗口中，使用 JDK 中的 javac 命令编译源文件 MyFirstJavaApplication. java，语句如下：

```
javacMyFirstJavaApplication. java
```

编译完成后，在源文件所在的文件夹下生成一个名为“MyFirstJavaApplication. class”的字节码文件。然后，使用 JDK 中的 java 命令运行字节码文件 MyFirstJavaApplication. class，命令如下：

```
javaMyFirstJavaApplication
```

该 Java 应用程序运行后，即可得到相应的运行结果。

2. Java 小应用程序

首先，在记事本软件中输入以下内容：

```
//filename:MyFirstJavaApplet. java
//A first Applet in java
import java. awt. Graphics;
import java. applet. Applet;
public class MyFirstJavaApplet extends Applet{
    public void paint(Graphics g) {
        g. drawString("你好,Java!",25,25);
    }
}
```

输入完成后，执行“文件”→“保存”命令，在弹出的“另存为”对话框中，选择相应的保存位置，并将文件名设置为“MyFirstJavaApplet. java”，将保存类型设置为“所有文件”。最后，单击“保存”按钮，即可完成第一个 Java 小应用程序的编写工作。

然后，再次在记事本中执行“文件”→“新建”命令，在记事本中输入以下内容：

```
<html>
    <head>
        <title>  An Java Applet Example </title>
    </head>
    <body>
        <applet code="MyFirstJavaApplet. class"width="400"height="200" >
        </applet>
    </body>
</html>
```

输入完成后，执行“文件”→“保存”命令，在弹出的“另存为”对话框中，选择相应的保存位置，并将文件名设置为“example. html”，将保存类型设置为“所有文件”。最后，单击“保存”按钮，即可完成相应网页文件的编写工作。

在 Windows 主界面，执行“开始”→“运行”，在弹出的“运行”对话框中输入“cmd”，然后单击“确定”按钮，或执行“开始”→“所有程序”→“附件”→“命令提示符”，在命令窗口中，使用 JDK 中的 javac 命令编译源文件 MyFirstJavaApplet. java，语句如下：

```
javacMyFirstJavaApplet. java
```

编译完成后，在源文件所在的文件夹下生成一个名为“MyFirstJavaApplet. class”的字节码文件。然后，使用 JDK 中的 appletviewer 命令运行网页文件 example. html，命令如下：

```
appletviewer example.html
```

该 Java 小应用程序运行后，即可得到相应的运行结果。

小提示

Java 语言是严格区分大小写的，所以在输入程序时，请特别注意大小写问题，以免出错。

1.3　常用的 Java 集成开发环境

随着 Java 及其相关应用的发展，Java 开发环境不断完善。目前，大多数程序员都会使用 Java 集成开发环境（IDE）来开发 Java 程序。

为了提高 Java 开发人员的工作效率，Java 集成开发环境主要从两个方面进行改进与提高：一方面是提高集成在 Java 集成开发环境当中的开发工具的性能和易用性；另一方面是将 Java 集成开发环境尽可能地覆盖到整个软件开发生命周期。

下面介绍几种当前常用的 Java 集成开发环境。

1.3.1　JCreator

JCreator 是一个小巧灵活的 Java 程序开发工具，也是一个 Java 集成开发环境。无论是开发 Java 应用程序，还是网页上的 Applet 元件，都难不倒它。它可将 Java 程序的编写、编译、运行和调试集成进自身的环境中直接进行开发，且无须设置环境变量。在功能上，它比 SUN 公司公布的 JDK 等文字模式开发工具更易于使用，还允许用户自定义操作窗口界面及无限 Undo/Redo 等功能。

JCreator 为用户提供了相当强大的功能，例如项目管理功能、项目模板功能，可个性化设置语法高亮属性、行数、类浏览器、标签文档、多功能编译器，具有向导功能以及完全可自定义的用户界面。通过 JCreator，不用激活主文档，就能够直接编译或运行 Java 程序。

JCreator 能自动找到包含主函数的文件或包含 Applet 的 HTML 文件，然后运行适当的工具。在 JCreator 中，可以通过一个批处理同时编译多个项目。

JCreator 的界面设计接近 Windows 界面风格，用户对其比较熟悉。其最大特点是与系统中所安装的 JDK 完美结合，这是其他任何一款 IDE 所不能比拟的。它是一种初学者很容易上手的 Java 开发工具。其缺点是只能进行简单的 Java 程序开发，不能完成企业 J2EE 的开发应用。

JCreator 是共享软件，主要用于开发基于 Java 的应用程序。安装后只有 4MB 左右，只需 32MB 内存即可运行。使用 JCreator 进行 Java 程序开发，需要安装 Java 的开发工具包（JDK）。由于 JCreator 安装程序本身不附带 JDK，所以需要先安装 JDK，再安装 JCreator，然后才能利用 JCreator 进行开发。

JCreator 有两个常用版本：JCreator LE 和 JCreator Pro。LE 版本是自由软件，功能上受到一些限制，但是免费的。Pro 版本功能最全，但它是一个共享软件，是收费的。JCreator 目前的最新版本为 4.5，如图 1-13 所示。

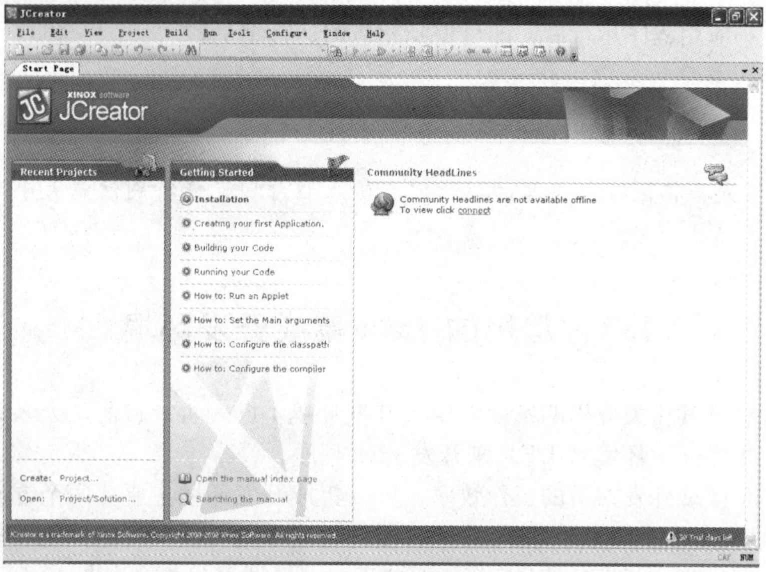

图 1-13 JCreator 操作界面

1.3.2 JBuilder

JBuilder 是由 Borland 公司开发的针对 Java 的开发工具。使用 JBuilder，可以快速、有效地开发各类 Java 程序。但是它使用的 JDK 与 SUN 公司的标准 JDK 不同，它经过较多修改，以便于开发人员能够像开发 Delphi 应用那样开发 Java 应用。

JBuilder 的核心有一部分采用了 VCL 技术，使得程序的条理非常清晰，就算是初学者，也能完整地看完整个代码。JBuilder 的另一个特点是简化了团队合作。它采用的互联网工作室技术，使不同地区，甚至不同国家的人，联合开发一个项目成为可能。

JBuilder 的主要特点有以下几个方面。

（1）JBuilder 支持最新的 Java 技术，包括 Applets、JSP/Servlets、JavaBean 以及 EJB（Enterprise JavaBeans）的应用。也正是因为如此，随着 JDK 不断更新，JBuilder 随之更新，所以 JBuilder 比其他开发工具的更新速度快很多。

（2）用户可以自动地生成基于后端数据库表的 EJB Java 类，JBuilder 还简化了 EJB 的自动部署功能。此外，它还支持 CORBA，其相应的向导程序有助于用户全面地管理 IDL（分布应用程序所必需的接口定义语言 Interface Definition Language）和控制远程对象。

（3）JBuilder 支持各种应用服务器。JBuilder 与 Inprise Application Server 紧密集成，同时支持 WebLogic Server，支持 EJB 1.1 和 EJB 2.0，可以快速开发 J2EE 的电子商务应用。

（4）JBuilder 能用 Servlet 和 JSP 开发、调试动态 Web 应用。

（5）利用 JBuilder 可以创建（没有专有代码和标记）纯 Java 2 应用。由于 JBuilder 是用纯 Java 语言编写的，其代码不含任何专属代码和标记，它支持最新的 Java 标准。

（6）JBuilder 拥有专业化的图形调试界面，支持远程调试和多线程调试。调试器支持各种 JDK 版本，包括 J2ME、J2SE 和 J2EE。JBuilder 环境开发程序方便，但缺点是一开始人们难于把握整个程序各部分之间的关系，对机器的硬件要求较高，比较“吃”内存，这时运行速度显得较慢。

JBuilder 的发展说起来并不顺畅，从早期 JBuilder 1～3 版本在 Java 开发工具竞争场中苦苦追赶对手，到 JBuilder 4～8 版本时期雄霸 Java 开发工具王者的宝座，JBuilder 可以说是在备尝艰辛之后才拥有光荣。但是许多人并不知道，JBuilder 在 9 之后的版本逐渐被其他 Java 开发工具夺去其第一的地位。JBuilder 目前的最新版本为 JBuilder 2008，如图 1-14 所示。

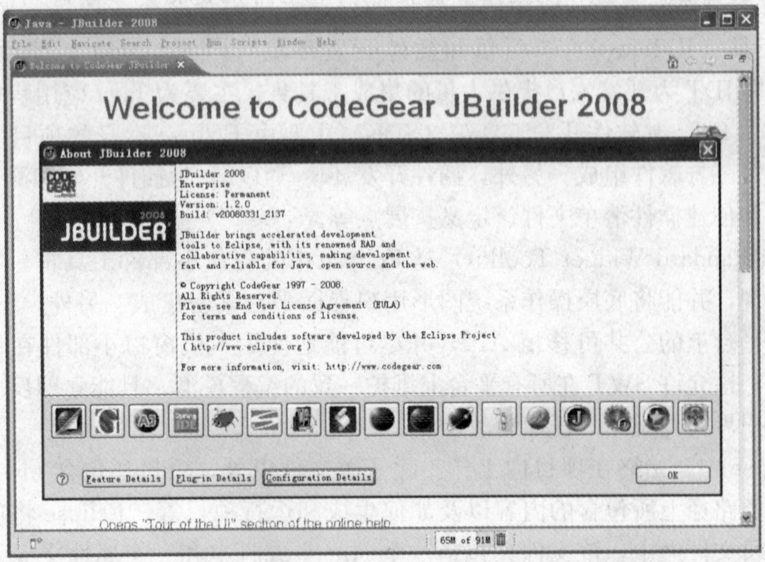

图 1-14　JBuilder 2008 操作界面

1.3.3　Eclipse 和 MyEclipse

1. Eclipse

（1）概述

Eclipse 是著名的跨平台的自由集成开发环境（IDE）。最初，它主要用于进行 Java 程序开发，但是目前有人通过插件使其作为其他计算机语言，例如 C++和 Python 的开发工具。

Eclipse 是一个开放源代码的、基于 Java 的可扩展开发平台。就其本身而言，它只是一个框架和一组服务，用于通过插件组件构建开发环境。但是众多插件的支持使得 Eclipse 拥有其他功能相对固定的 IDE 软件很难具有的灵活性。许多软件开发商以 Eclipse为框架开发自己的 IDE。

Eclipse 的前身是 IBM 公司的 Visual Age for Java，IBM 公司为此投入了 3 千万美元。Eclipse 是可扩展的体系结构，可以集成不同软件开发供应商开发的产品，将他们开发的工具和组件加入到 Eclipse 平台中。

随着 Java 应用的日渐广泛，各大主要软件供应商都参与到 Eclipse 架构的开发中，使得 Eclipse 插件数量与日增加。其中，IBM 的 WebSphere Studio Workbench 就是突出的例子。Eclipse 平台的免费，架构的成熟，行业协会 Eclipse 基金会的支持，使得很多 Java 开发都采用 Eclipse 架构。如今，IBM 通过其附属的研发机构 Object Technologies International（OTI）继续引领 Eclipse 开发。

（2）Eclipse 的结构和内核

插件（plug-in）是遵循一定规范的应用程序结构编写出来的程序，也称为扩展，不同于组件。Eclipse 正是一个精心设计的、可扩展的核心结构。通过插件的形式，用户将根据需要选择的扩展开发工具集成到 Eclipse 平台核心，避免了因不兼容工具带来的麻烦，降低了开发成本，大幅度提高了工作效率。

Eclipse 本身作为一个开放源码的软件项目，主要包含 3 个子项目：平台子项目、Java 开发工具（JDT-java）子项目和插件开发环境（PDE-plug-in）子项目。其中，Java开发工具 JDT 为开发人员提供大量的集成工具集，主要为 Java 应用程序提供编程接口（API）。Eclipse 软件开发工具箱（SDK）主要由 Eclipse 本身的项目软件和其他开发源码的第三方软件组成。另外，插件开发环境（JDT）为插件开发和测试提供相应的环境，例如创建插件清单文件、定义扩展点等。

SWT（Standard Widget Toolkit）是 Eclipse 中的窗口小部件工具箱，它是一组窗口组件的实现，并能将底层操作系统图形用户界面平台紧密集成。另外，SWT 定义了所有受支持平台上的公共可移植 API，并尽可能地使用本机窗口小部件在每个平台上实现该 API，这允许 SWT 在所有平台上维护一致的编程模型，且能立即反映底层操作系统图形用户界面外观中的任何更改。

在 Eclipse 中，始终在项目内工作。除了源文件以外，项目还包含 meta 数据，这些数据说明类路径上所包含的内容以及如何生成和运行项目等。Eclipse 将项目信息存储在一个项目文件夹中，该文件夹包括一个 Ant 生成脚本和一个属性文件（它们用于控制生成和运行设置），还包括一个 project. xml 文件（该文件用于将 Ant 目标映射到 IDE 命令）。注意，虽然在默认情况下，Eclipse 将源目录放置在项目文件夹内，但是源目录并非必须位于项目文件夹中。

Eclipse 目前的最新版本为 Eclipse 4. 3。

2. MyEclipse

MyEclipse 是一个十分优秀的用于开发 Java、J2EE 的 Eclipse 插件集合。MyEclipse的功能非常强大，支持十分广泛，尤其是对各种开源产品的支持十分不错。MyEclipse 目前支持 Java Servlet、AJAX、JSP、JSF、Struts、Spring、Hibernate、EJB3、JDBC 数据库链接工具等多项功能。可以说，MyEclipse 几乎囊括了目前所有主流开源产品的专属 Eclipse 开发工具。

MyEclipse 企业级工作平台（MyEclipse Enterprise Workbench，简称 MyEclipse）是对 Eclipse IDE 的扩展，利用它，用户可以在数据库和 J2EE 的开发、发布，以及应用程序服务器的整合方面极大地提高工作效率。它是功能丰富的 J2EE 集成开发环境，包括完备的编码、调试、测试和发布功能，完整支持 HTML、Struts、JSF、CSS、Javascript、SQL、Hibernate。

在结构上，MyEclipse 的特征分为如下 7 类：

①J2EE 模型；

②Web 开发工具；

③EJB 开发工具；

④应用程序服务器的连接器；

⑤J2EE 项目部署服务；

⑥数据库服务；

⑦MyEclipse 整合帮助。

对于以上每一种功能上的类别，在 MyEclipse 中都有相应的功能部件，并通过一系列插件来实现它们。MyEclipse 结构上的这种模块化，可以在不影响其他模块的情况下，对任一模块进行单独的扩展和升级。

简单而言，MyEclipse 是 Eclipse 的插件，也是一款功能强大的 J2EE 集成开发环境，由 Genuitec 公司发布，目前的最新版本为 MyEclipse 7.1 GA，如图 1-15 所示。但是 MyEclipse 是收费的，而 Eclipse 是免费的，对于学习 Java 的用户来说成本比较低，所以后面的例子都是使用 Eclipse 来开发的。

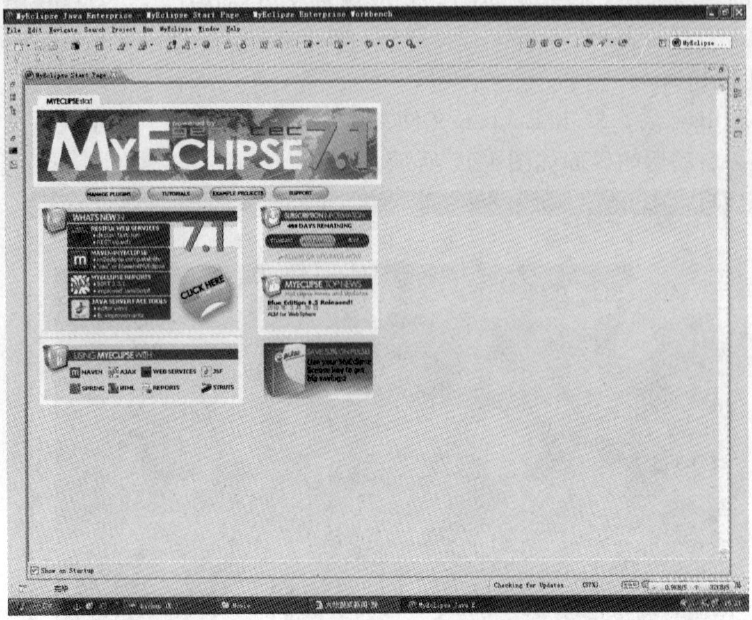

图 1-15 MyEclipse7.1 操作界面

1.4 高阶案例

在本案例中，将使用 Eclipse 开发一个简单的 Java 应用程序。通过本案例，请读者熟悉 Eclipse 开发环境，本书后面的章节都会使用 Eclipse 来进行相应的开发。

1.4.1 案例简介

本案例要求编写一个 Java 应用程序，使得在“消息”对话框中显示指定的文字信息，单击对话框上的关闭按钮能够正常退出。该 Java 应用程序的执行结果如图 1-16 所示。

图 1-16 MyFirstJavaApplication 的运行结果

这个 Java 应用程序是在对话框中显示“你好，Java!”。对话框是使用 javax. swing 包中的 JOptionPane 类的 showMessageDialog 方法来实现的。showMessageDialog 方法主要用于显示相关信息的“消息”对话框。

1.4.2 案例程序设计

读者可以到 Eclipse 官方网站 http：//www. eclipse. org 下载 Eclipse，得到一个扩展名为 . zip 的压缩文档，将其解压缩到相应位置就可以使用了。不过，请注意在安装 Eclipse 之前，先安装 JDK。

1. *启动* Eclipse

安装好 Eclipse 后，双击 Eclipse 文件夹中名为“Eclipse”的可执行文件，就可以启动 Eclipse。启动后的界面如图 1-17 所示。

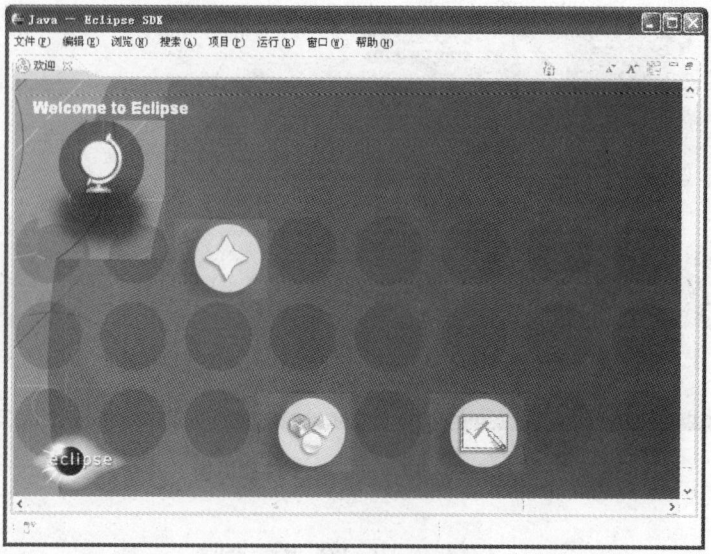

图 1-17 Eclipse 启动界面

2. 创建 Java 项目

执行“文件”→“新建”→“Java 项目”命令，在弹出的“新建 Java 项目”对话框中设置“项目名”，并在“内容”中设置项目的保存位置，如图 1-18 所示。然后，单击“完成”按钮，完成 Java 项目的创建工作，系统会在项目的保存位置上创建相应的文件夹。

“内容”中选项的含义如下。

①在工作空间中创建新项目：表示将创建的 Java 项目保存在指定的工作目录中。

此时不需要设置相应位置，系统会自动指定。

②从现有资源创建项目：表示将创建的 Java 项目保存在其他指定的目录中。此时需要设置相应位置。

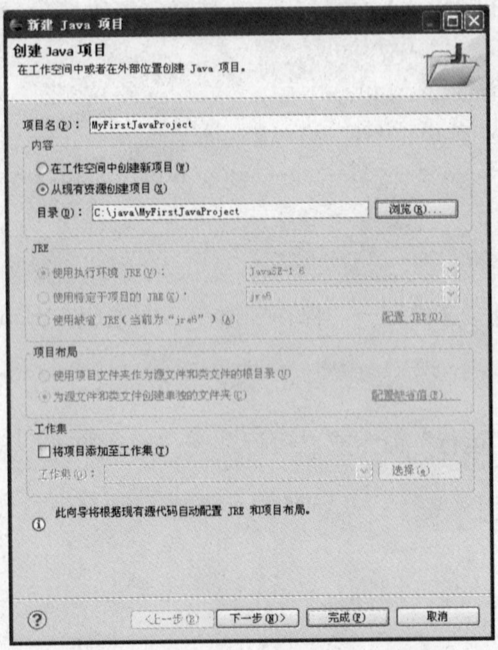

图 1-18　“新建 Java 项目”对话框

3. 创建 Java 类

执行“文件”→“新建”→“类”命令，在弹出的“新建 Java 类”对话框中设置类名，如图 1-19 所示。然后，单击“完成”按钮，完成 Java 类的创建工作，系统会自动在项目文件夹中创建相应的文件。

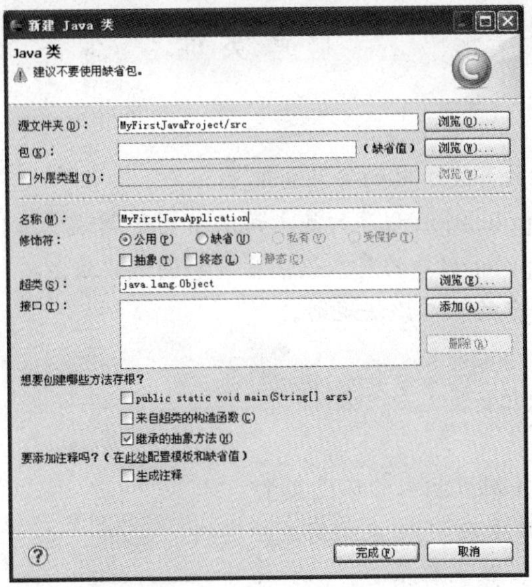

图 1-19　“新建 Java 类”对话框

4. 编写Java类

在编辑窗口中，输入以下Java程序代码：

```
//MyFirstJavaApplication1.java
import javax.swing.JOptionPane;
public class MyFirstJavaApplication1{
    public static void main(String args[]){
        JOptionPane.showMessageDialog(null,"你好,Java!");
    }
}
```

输入完毕后，执行“文件”→“保存”命令，即完成在Eclipse下本Java程序的编写工作。

5. 运行程序

执行“运行”→“运行”命令或“运行”→“运行方式”→“Java应用程序”命令，即可执行程序。

小提示

在Eclipse中，输入左括号时会立刻自动加上右括号；输入双引号（单引号）时也会立刻自动加上双引号（单引号）。在输入程序代码时，输完相应内容后暂停一会儿，Eclipse会显示出一串相应的建议清单，并附上相应的批注（前提是系统能找到）。可以直接在清单列表中选择，然后按Enter键，完成相应的输入；也可以只输入开头的字母，然后按Alt+/组合键，一样会显示出一串相应的建议清单。

本章实训

1. 实训目的

（1）掌握Java相关开发工具的安装与配置。

（2）掌握Java Application程序的基本语法结构和调试方法。

（3）掌握Java Applet程序的基本语法结构和调试方法。

（4）掌握Java语言的基本语法规则。

2. 实训内容

熟悉Eclipse的使用。

3. 实训步骤

（1）安装JDK，并配置相应的环境变量。

（2）组合使用记事本和JDK来编写基础实例。

（3）安装Eclipse，熟悉其界面。

（4）使用Eclipse编写扩展实例。

本章小结

通过对本章的学习，大家对 Java 有了一个初步的认识。通过初阶案例，掌握了 JDK 的安装与环境配置，了解了 Java 能够开发出两种不同的程序——Java 应用程序和 Java 小应用程序，并熟悉了这两种程序的基本结构，以及 Java 的基本语法格式；然后，了解了目前一些常用 Java 开发工具的基本情况。通过高阶案例，初步了解了 Eclipse 这一开发工具的操作界面及基本操作方法，进一步熟悉了 Java 程序的基本结构和基本语法格式。

课外阅读

1. Java 发展简史

1991 年，SUN 公司的 Jame Gosling 领导的 Green Team 小组为在家用电器及智能化电子消费类产品上进行交互式操作，基于 C＋＋开发出一个名为 Oak 的新的语言（即橡树语言）。Oak 的设计目标是用以开发可靠、紧凑、易于移植的分布式嵌入系统。尽管 Oak 语言在技术上颇为成功，但是由于商业上的原因，未能在市场的激烈竞争中站稳脚跟，也没有引起人们的关注。

1994 年，在 Internet 和 WWW 技术迅猛发展的环境下，Oak 经过改进，成为一种非常适合于网络开发的独特语言，并改名为 Java。至于为什么会改名为 Java 呢？这是因为在 Oak 进行商标注册时，发现已经被另外一家公司使用了。那要取什么新名字呢？工程师们边喝着咖啡边讨论，看着手中的咖啡，突然灵机一动，就叫“Java”（爪哇，是工程师们经常喝的一种咖啡）好了。于是，一杯飘香的咖啡成为 Java 的标志。

后来，Java 逐渐成为 Internet 上颇受欢迎的开发与编程语言，一些著名的计算机公司，如 MicroSoft、IBM、Netscape、Novell、Apple、DEC、SGI 等纷纷购买了 Java 语言的使用权。2009 年 4 月 20 日，SUN 公司被 Oracle（甲骨文）公司收购，Java 也转归于 Oracle 旗下。

2. Java 的特点

Java 具有简单（Simple）、面向对象（Object-Oriented）、网络（Network-Savvy）、分布式（Distributed）、解释执行（Interpreted）、健壮（Robust）、安全（Secure）、体系结构中立（Architecture neutral）、可移植（Portable）、高性能（High-Performance）、多线程（Multi-threaded）以及动态性（Dynamic）等特点。

（1）简单（Simple）

Java 语言是一种面向对象的语言，它通过提供最基本的方法来完成指定的任务。只需理解一些基本的概念，就可以用它编写出适合于各种情况的应用程序。Java 语言的语法与 C 语言和 C＋＋语言很接近，使得大多数程序员很容易学习和使用。Java 丢弃了 C＋＋ 中很少使用的、很难理解的、容易混淆的那些概念，如指针（Pointer）、操作符重载（Operator Overloading）、多重继承（Multiple Inheritance）等。特别地，Java 语言不使用指针，并提供了自动垃圾收集机制，简化了程序设计者的内存管理工作。另外，Java 也适合于在小型机上运行，它的基本解释器及类的支持只有 40KB 左右，加上标准类库和线程的支持，也只有215KB左右。

(2) 面向对象（Object-Oriented)

Java语言是一种纯的面向对象的程序设计语言。它的设计集中于对象及其接口，提供了简单的类机制以及动态的接口模型。对象中封装了它的状态变量以及相应的方法，实现了模块化和信息隐藏。类提供了一类对象的原型，并且通过继承机制，子类可以使用父类所提供的方法，实现了代码的复用。Java只支持类之间的单继承，但支持接口之间的多继承，并支持类与接口之间的实现机制（Implements)。Java语言全面支持动态绑定，而C++ 语言只对虚函数使用动态绑定。

(3) 网络（Network-Savvy)

Java是基于网络的，许多功能应用与网络有关，如Applet、Socket、JSP、Web Service等。Java应用最多的领域就是网络服务。

(4) 分布式（Distributed)

分布式包括数据分布和操作分布。数据分布是指数据可以分散在网络的不同主机上，操作分布是指把一个计算分散在不同主机上处理。Java支持WWW客户机/服务器计算模式，因此，它支持这两种分布性。对于前者，Java提供了一个叫做URL的对象，利用这个对象，可以打开并访问具有相同URL地址上的对象，访问方式与访问本地文件系统相同。对于后者，Java的Applet小程序可以从服务器下载到客户端，即部分计算在客户端进行，提高系统执行效率。另外，Java提供了一整套网络类库，开发人员可以利用类库进行网络程序设计，实现Java的分布式特性。

(5) 解释执行（Interpreted)

程序在一个平台上运行，必须先编译为该平台能理解的原始机器语言（Native Machine Instructions)。但是，各个平台所识别的机器语言不同。为了解决不同平台间运行程序的问题，Java将源程序直接编译成与系统无关的字节码（Bytecodes)。要运行Java程序，运行的平台上必须装有Java虚拟机（Java Virtual Machine，JVM)。JVM就是Java字节码文件的虚拟操作系统。JVM中的Java解释器直接对Java字节码进行解释执行。字节码本身携带了许多编译时信息，使得连接过程更加简单。

(6) 健壮（Robust)

健壮也称为“鲁棒性”。Java在编译和运行程序时，都要对可能出现的问题进行检查，以消除错误的产生。它提供自动垃圾收集机制来进行内存管理，防止程序员在管理内存时产生错误。通过集成的面向对象异常处理机制，在编译时，Java提示出可能出现但未被处理的异常，帮助程序员正确地进行选择，防止系统崩溃。另外，Java在编译时还可捕获类型声明中的许多常见错误，防止动态运行时不匹配问题的出现。

(7) 安全性（Secure)

用于网络、分布环境下的Java必须要防范病毒的入侵。Java不支持指针，一切对内存的访问都必须通过对象的实例变量来实现，这样就防止了程序员使用“特洛伊”木马等欺骗手段访问对象的私有成员，也避免指针操作中容易产生的错误。Java加入了垃圾自动回收机制，让程序员无需担心对象资源的回收问题；异常处理机制让程序员可以掌握程序中各种突发的异常状况，synchronized、final等关键字的使用大大加强了Java程序的安全性。

(8) 体系结构中立(Architecture neutral)

Java解释器生成与体系结构无关的字节码指令。只要安装了Java运行时系统,Java程序就可在任意的处理器上运行。这些字节码指令对应于Java虚拟机中的表示,Java解释器得到字节码后,对它进行转换,使之能够在不同的平台运行。

(9) 可移植(Portable)

与平台无关的特性使Java程序可以方便地被移植到网络上的不同机器。同时,Java的类库中实现了与不同平台的接口,使这些类库可以移植。另外,Java编译器是由Java语言实现的,Java运行时系统由标准C实现,这使得Java系统本身也具有可移植性。

(10) 高性能(High-Performance)

和其他解释执行的语言不同,Java字节码的设计能直接转换成对应于特定CPU的原始机器语言,从而得到较高的性能。

(11) 多线程(Multi-threaded)

多线程机制使应用程序能够并行执行,而且同步机制保证了对共享数据的正确操作。通过使用多线程,程序设计者可以分别用不同的线程完成特定的行为,而不需要采用全局的事件循环机制,这样就很容易地实现网络上的实时交互行为。

(12) 动态性(Dynamic)

Java的设计使它适合于一个不断发展的环境。在类库中可以自由地加入新的方法和实例变量,而不影响用户程序的执行,并且Java通过接口来支持多重继承,使之比严格的类继承具有更灵活的方式和扩展性。

3. Java平台

Java平台由Java虚拟机和Java应用程序编程接口(Application Programming Interface, API)构成。Java虚拟机是Java程序运行的平台,提供统一的应用程序接口;Java应用程序编程接口(也称为Java类库)是SUN公司提供的用Java语言开发的类的集合。在硬件或操作系统平台上安装一个Java平台之后,Java用程序就可运行。现在Java平台已经可以嵌入到几乎所有的操作系统。这样,Java程序能够做到只编译一次,就可以在各种系统中运行。

目前,Java平台分为以下三个体系。

①J2ME(Java 2 Platform Micro Edition, Java 2平台微缩版):是致力于消费产品和嵌入式设备的最佳解决方案,主要适用于PDA、机顶盒设备、汽车导航系统、可视电话、寻呼机和移动电话等消费类电子产品中的Java应用软件开发。

②J2SE(Java 2 Platform Stand Edition, Java 2平台标准版):是桌面开发和低端商务应用的解决方案,主要适用于桌面系统,提供CORBA标准的ORB技术,结合Java的RMI支持分布式操作环境,是Java框架结构的基础。

③J2EE(Java 2 Platform Enterprise Edition, Java 2平台企业版):是以企业为环境而开发应用程序的解决方案。J2EE作为构建企业级分布式应用系统的Java解决方案,定义了企业应用Java组件、JSP/Servlet、Java数据库连接和JAXP等在构建企业级应用系统过程中采用的Java技术。它目前已经成为开发商创建电子商务应用的事实标准。

课后作业

1. Java Application 与 Java Applet 的区别有哪些?
2. 请编写一个 Java Application，在命令窗口中显示如下内容：
   欢迎使用 Java!
   谢谢!
3. 请编写一个 Java Applet，在 Applet 窗口中显示如下内容：
   欢迎使用 Java!
   谢谢!
4. 请编写一个 Java Application，在对话框中显示如下内容：
   欢迎使用 Java!
   谢谢!

第2章 比较大小

本章引言

通过第1章的学习，读者对于Java语言已经有了初步的认识，掌握了Java程序设计中的基础知识。本章将通过两个关于数值比较的案例，带领读者进一步学习Java语言的基本语法规则和数组方面的相关知识。

在初阶案例中，运用Java语言的数据类型、运算符及流程控制方面的知识，设计并开发一个简单的比较数值大小的程序。本程序能够实现用户输入的两个整数数据的数值比较，运行效果如图2-1、图2-2和图2-3所示，让读者掌握Java语言的基本语法规则及最基本的程序设计方法。

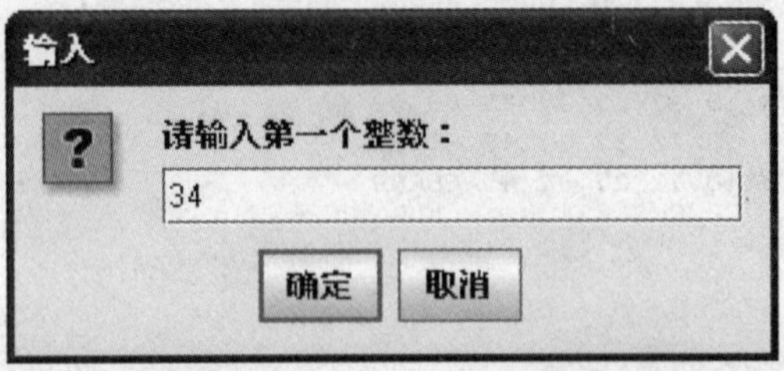

图2-1 第一个“输入”对话框

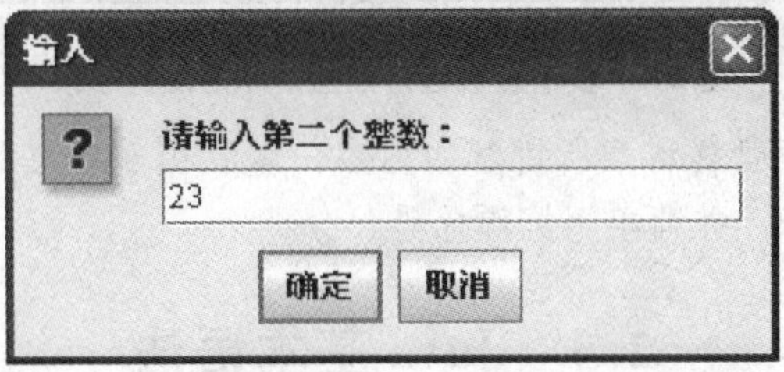

图2-2 第二个“输入”对话框

图2-3 比较结果“消息”对话框

在高阶案例中引入了数组的应用，设计并开发出一个利用冒泡排序算法实现多个整数数据的数值排序的程序，运行结果如图 2-4 所示。使读者进一步掌握 Java 语言的基本语法规则，同时掌握数组方面的相关知识，并初步了解算法方面的基础知识。

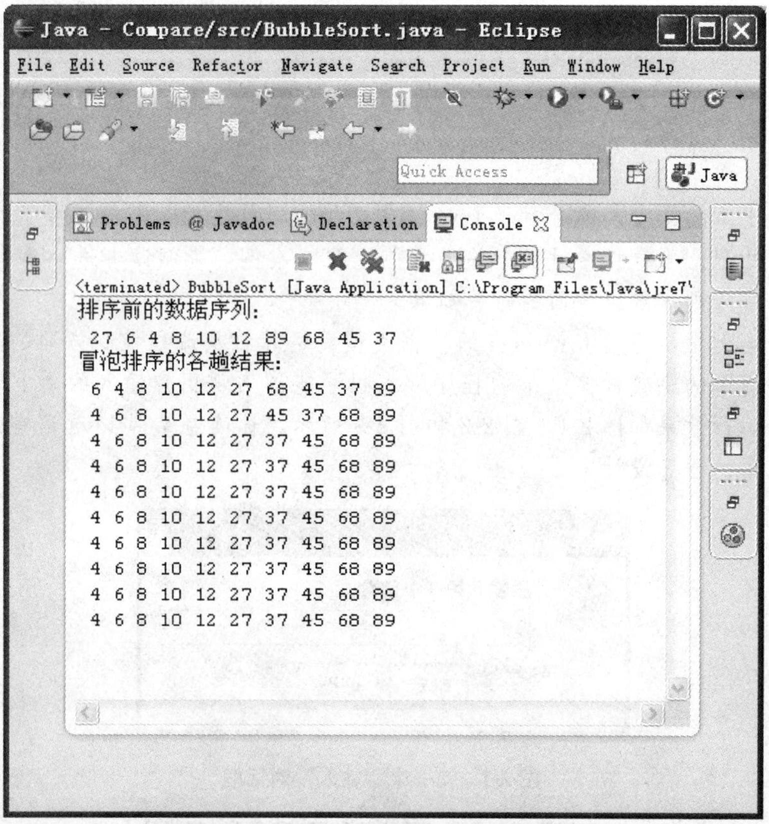

图 2-4 多个整数进行数值排序的运行结果

为了更好地学习和理解本章所讲解的内容，读者在学习之前，最好能够运行两个案例，了解其运行效果，并简单浏览源代码。

2.1 Java 基本语法

Java 是基于 C++语言开发出来的，因此其语法规则与 C/C++非常相似，但是又有所不同。接触过 C/C++的读者，学习时要特别注意 Java 与 C/C++的区别。本节将详细介绍 Java 语言的基本语法规则。

2.1.1 数据类型

在 Java 中，根据实际需要定义了多种数据类型。按照定义形式和内容，分为基本数据类型和复合数据类型两种，如图 2-5 所示。

- 数据类型
  - 基本数据类型
    - 数值型
      - 整数类型(byte,short,int,long)
      - 浮点数类型(float,double)
    - 字符类型(char)
    - 布尔类型(boolean)
  - 复合数据类型（引用类型）
    - 类(class)
    - 接口(interface)
    - 数组

图 2-5　Java 语言中的数据类型

基本数据类型是由系统定义的、不可再分的类型。Java 语言的基本数据类型长度是固定的，它不依赖于计算机软、硬件系统的变化，用户可以直接利用基本数据类型定义相应的数据。Java 定义了 8 种基本数据类型，根据其数据的表示形式，将其划分为数值类型、字符类型和逻辑类型三种；数值类型又由整数类型和浮点数类型构成。下面将一一介绍。

1. 整数类型

在 Java 中，定义了分别由关键字 byte、short、int 和 long 表示的 4 种整数数据类型，如表 2-1 所示。

表 2-1　整数类型

数据类型	长　度	数值范围
byte	8	$-2^{7}\sim2^{7}-1$
short	16	$-2^{15}\sim2^{15}-1$
int	32	$-2^{31}\sim2^{31}-1$
long	64	$-2^{63}\sim2^{63}-1$

Java 语言中所有的整数类型都是有符号的数据类型。由于没有定义无符号整数，因此 Java 中定义的各种整数数据类型均有固定的表数范围和数据长度，而不受具体系统的影响。这也从另外一个方面保证了 Java 语言的可移植性和平台无关性。

小提示

Java 语言中的整型数据默认为 int 型。声明为 long 型数据后，可以在数后加“l”或“L”，以避免数据位截取而引起数据精度降低。例如，long a= 3L。Java API 中对 4 种整数类型均进行了封装，将其分别定义为 Byte、Short、Integer 和 Long 类。

2. 浮点数类型

Java 中定义了单精度和双精度两种浮点数类型，分别由关键字 float 和 double 来表示。Java 中的各浮点数据类型也都有固定的表数范围和字段长度，如表 2-2 所示。

表 2-2　浮点数类型

数据类型	长　度	数值范围
float	32	$-3.4\times10^{-38}\sim3.4\times10^{38}$
double	64	$-1.7\times10^{-308}\sim1.7\times10^{308}$

小提示

Java 中的浮点型数据默认为 double 型。如果要声明一个数据为 float 型，必须在数据后面加“f”或“F”，例如：float f = 3.14f。Java API 中对两种浮点数类型均进行了封装，将其分别定义为 Float 和 Double 类。

3. 字符类型

在 Java 中，利用关键字 char 来定义字符类型的数据。字符型数据都是用单引号括起来的单个字符，例如，char c ='A'。

Java 中的字符型数据是基于 16 位的 Unicode 字符集，每个字符占两个字节。Java 中的字符型数据属于整型数据，但是无符号的整型数据，其取值范围为 $0\sim2^{16}-1$。

小提示

Java API 中对字符类型进行了封装，将其定义为 Character 类。

4. 布尔类型

布尔类型又称为逻辑类型，用关键字 boolean 来表示。例如，boolean b = false。

小提示

Java API 中对布尔数据类型进行了封装，将其定义为 Boolean 类。

2.1.2　常量与变量

由于 Java 语言是面向对象的程序设计语言，因此，常量的含义是该数据量在对象的实例化期间不能更改的量。变量则是在程序运行过程中可以赋值，并能够对该值进行更改的数据量。

1. 常量

常量是不能被程序修改的固定值，在程序运行之前，其值就已经确定了。在 Java 中，定义常量时需要使用 final 关键字。

定义基本数据类型的常量的基本语法格式为：

```
[修饰符] final 基本数据类型 常量名 1=数值 1 [, 常量名 2=数值 2……];
```

其中，final 表示最终的。

Java 中的常量主要有以下几种。

（1）整型常量

整型常量分为单字节整型、短整型、整型和长整型 4 种，它们均可以用十进制、八进制和十六进制三种方式表示。

①十进制整数：十进制整数的第一位数字不能为 0。例如，123、－456、23L。

②八进制整数：要求必须以 0 为前导。例如，0123、－011、0377L。

③十六进制整数：要求必须以 0x 或 0X 作为前导。例如，0x123、－0X1A2D、0XFFFL。

（2）实型常量

实型常量分为单精度和双精度两种类型。实型数据只采用十进制数表示，有小数形式和指数形式两种不同的表示。

①小数形式（标准形式）：由数字和小数点组成，且必须有小数点。例如，0.123、1.23D、－0.9901F。

②指数形式（科学计数法形式）：用指数幂的形式表示，要求必须有指数部分。例如，123e3、123E－3，其中 e 或 E 之前必须有数字，且 e 或 E 后面的指数必须为整数。

（3）字符常量

字符常量是用单引号括起来的一个字符，例如'a'、'A'。Java 中还允许使用转义字符“\”来将其后的字符转变为其他的含义。Java 中常用的转义序列如表 2-3 所示。

表 2-3　Java 中常用的转义序列

转义字符	功能描述
\ddd	利用八进制表示字符
\udddd	利用十六进制表示字符
\'	单引号
\"	双引号
\\	反斜杠
\n	换行，将光标移至下一行的开始处
\r	回车，将光标移至当前行的开始处
\t	横向跳格（制表符），将光标移至下一个制表位
\b	退格，将光标向前（或向左）移一列
\f	走纸换页，将光标移至下一页的开始处

（4）逻辑常量

逻辑常量只有两个值：true 和 false，分别代表布尔逻辑中的“真”和“假”。在 Java 中，逻辑常量不能转换成任何其他类型的数据。true 和 false 只能赋值给声明为 boolean 类型的变量，或者用于逻辑运算表达式中。

2. 变量

变量是在程序运行过程中可以赋值，并能够对其值进行更改的数据。变量是 Java 程序中的基本存储单元，它的定义包括变量名、变量值、变量类型和作用域几个部分。变量根据其所属的数据类型，划分为基本数据类型变量和引用数据类型变量（复合数据类型变量）。

根据变量被声明的位置，划分如下。

①局部变量：在方法或语句块内部定义的变量。

②成员变量：在方法外部、类的内部定义的变量。

（1）变量的定义与初始化

Java 程序通过变量来操纵内存中的数据，在使用任何变量之前必须先定义。变量的定义是用标识符为变量命名，并确定其数据类型，还可以为其赋初值。变量定义就是为该变量与内存单元建立对应关系，即为变量分配内存单元。

如果是基本数据类型的变量，在声明时，就为其分配了内存单元，因为它们的存储长度是固定的。如果是复合数据类型的变量，声明后，还要用关键字 new 为其分配内存单元，因为复合数据类型通常是用户自定义的，其存储长度由用户确定。

Java 中定义基本数据类型的变量的基本语法格式为：

```
[修饰符] 基本数据类型 变量名 1 [=初值] [, 变量名 2……];
```

在变量定义的同时为其赋值称为变量初始化。在 Java 中，局部变量声明后，用户必须自己对其进行初始化，即赋初值。成员变量的初始化可以根据需要，选择默认初始化或显式初始化。

①默认初始化：创建后，系统自动对其进行初始化。

②显式初始化：用户可以自己对其进行初始化。

在 Java 中，所有数据类型的成员变量的默认初始化原则如表 2-4 所示。

表 2-4　成员变量的默认初始化原则

成员变量数据类型	取值
byte	(byte) 0
short	(short) 0
int	0
long	0L
char	'\u0000'
float	0.0F
double	0.0D 或 0.0
boolean	false

（2）变量的赋值与类型转换

用常量、变量或表达式赋值给另一个变量时，两者的数据类型必须一致。若不一致，需要进行数据的类型转换，即从一种数据类型转换到另一种数据类型。数据的类型转换分为隐式类型转换（又称自动类型转换）和显式类型转换（又称强制类型转换）两种。

①隐式类型转换：当占用存储容量较少的数据转换为占用存储容量较多的数据时，进行隐式类型转换。这种转换过程由 Java 编译系统自动完成，不需要程序另作特别说明；反之，出现编译错误。

②显式类型转换：当占用存储容量较多的数据转换为占用存储容量较少的数据时，需要进行显式类型转换，即强制类型转换。但是由于目标数据类型的取值范围小于待转换数据类型的取值范围，因此在转换过程中会出现取模或截断现象。强制类型转换

的格式为：

（目标数据类型）变量名或表达式

在 Java 语言中，并不是所有的数据类型之间都能够进行转换，对数据类型转换的限制主要有以下几点。

①整型与浮点型数据之间可以相互转换，但基本数据类型与数组、类、接口等复合数据类型的数据之间不能互相转换。

②如果一个 int 型的整数没有超出 byte 或 short 类型的表数范围，则可以当作 byte 或 short 型对待，可以为 byte 或 short 类型的变量直接赋值。

③char 类型数据转换为 int、long、float 和 double 类型时，可自动完成；char 类型与 byte 类型的数据之间必须是强制转换。

④布尔型数据不能与任何其他数据类型进行转换。

（3）变量的作用域

在 Java 程序中，在类体及方法体内的任何位置上都可以定义变量，但是变量只在它所定义的语句块中起作用，一个语句块就是用一对大括号括起来的代码段。变量作用域的一般原则是：在作用域内定义的变量仅在该作用域内有效，该作用域之外的代码不可见，即在作用域之外，该变量失效。

①局部变量的作用域是它所在的方法或语句块。

②成员变量的作用域是它所在的类。

作用域可以嵌套，即一个范围较大的外部作用域能包容一个范围较小的内部作用域，在外部作用域定义的变量，在内部作用域可见；反之则不然，内部作用域定义的变量在外部作用域不可见（不能使用）。

总之，Java 是一种强类型语言，这是 Java 语言具有较高的安全性和稳健性的重要原因之一，主要体现在以下几个方面。

①每个变量必须定义为某一种数据类型，而且只能声明为唯一的数据类型，不允许重复定义。

②在赋值之前，首先检查赋值运算符左、右两端数据的类型是否一致。类型不匹配的赋值操作，需要强制类型转换，否则，将导致编译错误。

③在方法调用时，传递参数及返回值类型均要求与方法定义时确定的类型一致。

2.1.3　运算符和表达式

表达式是由变量、常量和各种运算符组成的式子，是程序的基本组成单位之一。表达式可以是程序语句的一部分，也可以是一个单独的程序语句。表达式的值就是表达式中的各变量、常量经过运算所得到的结果。这些运算主要由表达式中的运算符来规定。

1. 运算符

对各种类型的数据进行加工的过程称为运算，表示各种不同运算的符号称为运算符，参与运算的数据称为操作数。下面主要介绍 Java 语言中的各种运算符及它们所规定的运算。

（1）算术运算符

Java 中的算术运算符是用来定义整型数据和浮点型数据的算术运算的，分为双目运算符和单目运算符两种。双目运算符就是指连接两个操作数的运算符，单目运算符则只有一个操作数，如表 2-5 所示。

表 2-5　算术运算符

类型	算术运算符	使用方法	说明
双目运算符	＋	OP1＋OP2	加法运算
	－	OP1－OP2	减法运算
	*	OP1 * OP2	乘法运算
	/	OP1/OP2	除法运算
	％	OP1％OP2	取模运算（求余运算）
单目运算符	＋	＋OP	取正值
	－	－OP	取负值
	＋＋	＋＋OP、OP＋＋	自增运算符（加 1）
	－－	－－ OP、OP －－	自减运算符（减 1）

在使用＋＋和－－时，要特别注意它们与操作数的位置关系对运算结果的影响，具体用法如表 2-6 所示。

表 2-6　自增、自减运算符

运算符	名称	使用说明
＋＋i	前缀自增（预增）	先对 i 加 1，然后用加 1 后的值进行运算
i＋＋	后缀自增（后增）	先用 i 的值进行运算，然后对其加 1
－－i	前缀自减（预减）	先对 i 减 1，再用减 1 后的值进行运算
i－－	后缀自减（后减）	先用 i 的值进行运算，然后对其减 1

小提示

对于除号“/”，两个整型数据相除的结果还是整型数据。自增、自减运算符不能用于表达式，只能用于简单变量，否则会产生语法错误。

（2）关系运算符

关系运算就是比较两个表达式大小关系的运算方式，所有关系运算的结果都是布尔型数据，即 true 或 false。Java 中所提供的关系运算符及其使用方法如表 2-7 所示。

表 2-7　关系运算符

类型	关系运算符	使用方法	说明
双目运算符	＞	OP1＞OP2	大于
	＜	OP1＜OP2	小于
	＞＝	OP1＞＝OP2	大于等于
	＜＝	OP1＞＝OP2	小于等于
	＝＝	OP1＝＝OP2	等于
	！＝	OP1！＝OP2	不等于

小提示

判断两数相等的等于运算符“==”是由两个等号连缀而成，要与赋值运算符“=”进行区分，以免混淆。参与关系运算的操作数或表达式的值可以是整型，也可以是浮点型。但是需要注意的是，不能在浮点数之间进行“等于”的比较。

(3) 逻辑运算符

逻辑运算符主要用于对布尔型数据或结果是布尔型数据的表达式进行运算，其操作数和运算结果均为布尔型数据。Java 语言中所提供的逻辑运算符及其使用方法如表 2-8 所示。

表 2-8 逻辑运算符

类型	逻辑运算符	使用方法	说明
单目运算符	!	! OP	逻辑非
双目运算符	&	OP1&OP2	逻辑与
	|	OP1 | OP2	逻辑或
	^	OP1^OP2	逻辑异或
	&&	OP1&&OP2	简洁与（短路与）
	||	OP1 || OP2	简洁或（短路或）

逻辑运算符中的“&”、“|”是非简洁与、非简洁或逻辑运算符，而“&&”、“||”是简洁与、简洁或逻辑运算符。它们的区别在于：利用非简洁与、非简洁或做运算时，运算符左、右两边的表达式都要执行运算，然后进行相应的运算；利用简洁与、简洁或做运算时，如果只计算运算符左边的表达式，得到的结果即可用于确定相应的运算结果，右边的表达式将不会运算。

(4) 位运算符

位运算符是用来对二进制位进行操作的，分为两种类型：按位逻辑运算符和算术移位运算符。Java 中所提供的位运算符以及其使用方法如表 2-9 所示。

表 2-9 位运算符

类型	位运算符	使用方法	说明
单目运算符	~	~OP	按位取反
双目运算符	&	OP1&OP2	按位与
	|	OP1 | OP2	按位或
	^	OP1^OP2	按位异或
	>>	OP1>>OP2	OP1 右移 OP2 位
	<<	OP1<<OP2	OP1 左移 OP2 位
	>>>	OP1>>>OP2	OP1 无符号右移 OP2 位

小提示

按位逻辑运算符用于进行二进制位之间的逻辑运算，其操作数是整型数据，包括

byte、short、int、long 和 char，其运算结果为一个整数；逻辑运算符连接布尔型数据、关系表达式及逻辑表达式，其运算结果为布尔型变量，取值为 true 或 false。逻辑运算符与按位逻辑运算符相同，使用时需要根据操作数的数据类型来判定进行何种运算。

（5）赋值运算符

赋值运算符“＝”用于将一个数据赋值给一个变量，因此运算符的左侧必须是变量。一般情况下，要求“＝”两侧操作数的数据类型要一致。当“＝”两侧的数据类型不一致时，可以使用自动类型转换或按强制类型转换的原则进行处理。

在赋值运算符“＝”前加上其他运算符就构成了扩展赋值运算符。例如，“a＋＝3”；等价于“a＝a＋3;”。

Java 中常用的扩展赋值运算符及等价的表达式如表 2-10 所示。在程序中适当使用扩展赋值运算符能够更快地编程，编译器也能够更快地编译，有利于提高程序的性能。

表 2-10 扩展赋值运算符

扩展运算符	用法举例	等效的表达式
＋＝	a＋＝ b	a＝a＋b
－＝	a－＝ b	a＝a－b
*＝	a*＝ b	a＝a*b
/＝	a/＝ b	a＝a/b
%＝	a%＝ b	a＝a%b
&＝	a&＝b	a＝a&b
|＝	a |＝b	a＝a | b
^＝	a^＝b	a＝a^b
<<＝	a<<＝ b	a＝a<<b
>>＝	a>>＝ b	a＝a>>b
>>>＝	a>>>＝b	a＝a>>>b

小提示

实际操作中，可以将整型常量直接赋值给 byte、short、char 等类型的变量，不需要进行强制类型转换，但不能超出其表数范围。赋值运算符的运算顺序是从右至左。

（6）条件运算符

条件运算符是 Java 语言中唯一的一个三目运算符，其一般形式为：

```
表达式？语句 1：语句 2
```

在计算条件表达式时，先计算表达式，如果值为 true，就执行语句 1，并将其结果作为条件表达式的值；否则，执行语句 2，并将其结果作为条件表达式的值。其中，表达式的运行结果必须是布尔型数据，语句 1 和语句 2 返回的数据的类型必须保持一致。

（7）其他运算符

除了上面介绍的运算符之外，Java 语言中还有一些其他的运算符，如表 2-11 所示。

表 2-11　其他运算符

运算符	格　式	描　述
( )	a＊(a＋b) 方法名（参数列表）	在表达式中使用时，用于改变运算顺序 在成员方法的定义和调用中，用于分隔参数
[ ]	数据类型[ ] new 数据类型[元素个数] 数组名[下标]	用于声明数组 定义数组时，用于声明数组元素的个数 引用数组元素时，用于提供数组的下标值
（类型名）	（类型名）表达式	强制类型转换
new	new 数据类型（参数列表）	用于为数组、类等复合型数据分配内存空间
.	对象名．变量名 对象名．方法名（参数列表）	用于引用类对象实例中定义的成员变量 用于引用类对象实例中定义的成员方法
instanceof	对象名 instanceof　类名	用于测试一个指定的对象是否是指定类的一个实例化对象。若是，返回 true，否则返回 false

2. 表达式

表达式是符合一定语法规则的运算符和操作数的序列。表达式用于计算、对变量赋值以及作为程序控制的条件。

(1) 表达式的值和类型

对表达式中的操作数进行运算所得到的结果称为表达式的值。

表达式的值的数据类型即为表达式的类型。表达式的类型由运算符以及参与运算的操作数的类型决定，可以是简单类型，也可以是复合类型。

在算术表达式中，如果所有操作数的数据类型相同，则表达式的类型与操作数的数据类型相同，否则就要进行表达式类型的自动提升。不同类型的数据混合运算时，表达式的类型为存储长度最大、精度最高的数据类型。

(2) 表达式的运算顺序

在对一个表达式进行运算时，首先应按照运算符优先级从高到低的顺序进行运算，优先级相同的运算符按照事先约定的结合方向进行运算。表 2-12 中列出了 Java 中运算符的优先顺序。

表 2-12　运算符的优先顺序

优先次序	运　算　符
1	.　[]　()
2	++　--　!　~　instanceof
3	new　(type)
4	*　/　%
5	+　-
6	>>　>>>　<<
7	>　<　>=　<=
8	==　!=
9	&
10	^
11	|
12	&&
13	||
14	?:
15	=　+=　-=　*=　/=　%=　^=
16	&=　|=　<<=　>>=　>>>=

2.1.4 流程控制

从结构化程序设计角度出发，程序分为三种基本结构：顺序结构、选择结构（分支结构）和循环结构（重复结构）。

Java 程序通过控制语句来执行程序流向，完成一定的任务。程序流是由若干条语句组成的，语句可以是单一的一条语句，也可以是用大括号 {} 括起来的一个复合语句。

1. 顺序结构

顾名思义，顺序结构就是程序从上至下一行一行执行的结构，中间没有分支和跳转，直到程序结束。一般情况下，程序中的语句都是按程序设计时所确定的次序一条一条顺序执行的。

2. 选择结构

选择结构提供了一种控制机制，使得程序的执行可以跳过某些语句不执行，而转去执行特定的语句。在 Java 中，选择语句包括 if 语句（单选）、if…else 语句（双选）和 switch 语句（多选）。下面将分别介绍。

（1）if 语句

if 语句的基本格式为：

```
if(条件表达式){
    执行语句块
}
```

其中，条件表达式可以是任何一种关系表达式或逻辑表达式。如果条件表达式的返回结果为 true，则先执行后面大括号 {} 中的执行语句块，再顺序执行后面的其他程序代码；反之，程序跳过条件表达式后面大括号 {} 中的执行语句块，直接去执行后面的其他程序代码。

在这里，大括号 {} 的作用就是将多条语句组合成一个复合语句，使其作为一个整体来处理。如果大括号中只有一条语句，可以省略这对大括号。

（2）if…else 语句

if…else 语句的基本格式为：

```
if(条件表达式){
    执行语句块 1
}
else{
    执行语句块 2
}
```

这种格式在 if 子句的后面添加了一个 else 子句。如果条件表达式的返回结果为 true，则先执行 if 后面大括号 {} 中的执行语句块 1，再顺序执行后面的其他程序代码；反之，执行 else 后面大括号 {} 中的执行语句块 2，再顺序执行后面的其他程序代码。

小提示

在 Java 中，if 括号中的条件表达式的结果必须是布尔型数据。尽管对于单一语句，在语法规则上允许省略大括号，但是建议对单一语句也要用大括号括起来，以增加程序的可读性，同时有利于以后对程序的修改。if 语句是允许嵌套使用的。

在 if 语句中包含多重嵌套的另一个 if 语句时，Java 语言的编译器总是将 else 与其最近的 if 配对。人为地使用大括号，可以改变这种配对规则。因此在使用 if 嵌套语句时，最好使用大括号 {} 来确定相互的层次关系。

(3) switch 语句

switch 语句用于将一个表达式的值同许多其他值相比较，并按比较结果选择下面应该执行的语句。switch 语句的基本格式为：

```
switch(表达式){
    case 数值 1:
        语句块 1
        break;
    case 数值 2:
        语句块 2
        break;
    …
    case 数值 n:
        语句块 n
        break;
    [default:default 语句块]
}
```

表达式的返回值类型必须是下述类型之一：byte、short、int、long、char。case 子句中的表达式取值必须是常量，且其数据类型要与表达式的返回值类型一致。整个多分支语句中包含的所有 case 子句中的数值必须是不同的，但 case 子句的顺序可以是任意的。

case 子句中包含多个执行语句时，可以不用大括号 {} 括起来。default 子句是可选的。当表达式的值与任意 case 子句中的值都不匹配时，程序执行后面的 default 子句。如果表达式的值与任意 case 子句中的值都不匹配且没有 default 子句，则程序不做任何操作，直接跳出 switch 语句。

break 语句用于在执行完一个 case 分支后，使程序跳出 switch 语句，即终止 switch 语句的执行。因为 case 子句只是起到一个标号的作用，用来查找匹配的入口，并从此处开始执行，对后面的 case 子句不再匹配，而是直接执行其后的语句序列，所以一般应该在每个 case 分支后用 break 语句来终止后面 case 子句的执行。

switch 语句的功能可以用 if…else 来实现，但在某些情况下，使用 switch 语句更简练，可读性更强，而且程序的执行效率更高。

3. 循环结构

循环语句的作用是反复执行同一段代码，直到满足终止循环的条件为止。Java 语言中提供的循环语句有：while 语句、do-while 语句和 for 语句。

（1）while 语句

while 语句实现“当型”循环，它的基本格式为：

```
while(条件表达式){
    执行语句块
}
```

当条件表达式的返回值为 true 时，执行 {} 中的执行语句块。当执行完 {} 中的语句后，检测条件表达式的返回值。如果为 true，则反复执行 {} 中的执行语句块，直到返回值为 false 时，循环终止。

（2）do-while 语句

do-while 语句与 while 语句结构类似。while 语句的循环条件在循环开始，即循环体未执行之前进行检测；而 do-while 语句是在循环体执行一次之后检测循环条件。因此，do-while 语句中的循环体至少会执行一次。do-while 语句的基本格式为：

```
do{
        执行语句块
}while(条件表达式);
```

小提示

do-while 语句的结尾处用一个分号“;”作为语句的结束。

（3）for 语句

for 语句是 Java 语言中功能最强大的循环语句，它可以处理计数器控制的循环的所有情况。for 语句的基本格式为：

```
for(初始化表达;循环条件表达式;迭代表达式){
        执行语句块
}
```

for 语句执行时，首先执行初始化操作，然后判断终止条件是否满足。如果满足，则执行循环体中的语句，最后执行迭代部分。完成一次循环后，重新判断终止条件。

初始化、终止以及迭代部分都可以为空语句（但分号不能省）。当三者均为空的时候，相当于一个无限循环。在初始化部分和迭代部分可以使用逗号语句来进行多个操作。逗号语句是用逗号分隔的语句序列。

4. 跳转语句

在使用循环语句时，只有循环条件表达式的值为 false 时才能结束循环。有时候想要提前中断循环，需要使用 break 语句，还可以在循环语句块中添加 continue 语句，用于跳过本次循环要执行的剩余语句，开始执行下一轮循环。

（1）break 语句

break 语句可以中止循环体中的执行语句和 switch 语句。一个无标号的 break 语句会把控制传给当前（最内）循环的下一条语句。如果有标号，会把控制传给当前方法中带有这一标号的语句。

（2）continue 语句

continue 语句只能出现在循环语句的子语句块中，用于结束本次循环，跳过当前循环的剩余语句，接着执行下一次循环。

2.2　初阶案例

本案例是一个 Java 应用程序，主要用于实现两个整数大小的比较，并给出比较结果。通过案例，读者将进一步学习 Java 语言的基本语法规则。

2.2.1　案例简介

本案例要求从用户处接收两个整数，然后比较这两个整数的大小，并以对话框的形式给出比较结果。

本案例运行后，首先弹出一个“输入”对话框，要求用户输入第一个整数，如图 2-6所示。

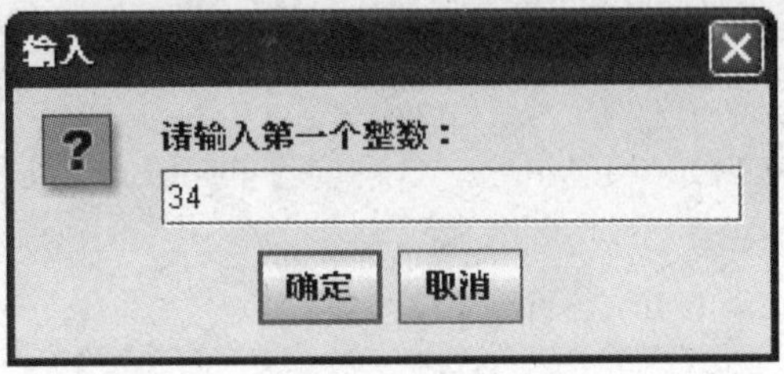

图 2-6　第一个“输入”对话框

在文本框中输入第一个数据后，单击“确定”按钮，将弹出第二个“输入”对话框，如图 2-7 所示。

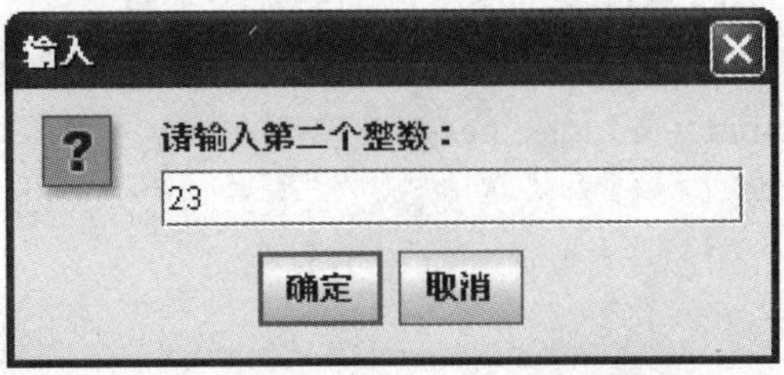

图 2-7　第二个“输入”对话框

在文本框中输入第二个数据后，单击“确定”按钮，弹出“消息”对话框显示比较结果，如图 2-8 所示。

图 2-8　比较结果“消息”对话框

2.2.2　案例程序设计

1. 启动 Eclipse

双击 Eclipse 文件夹中名为“Eclipse”的可执行文件，启动 Eclipse。

2. 创建 Java 项目

执行“文件”→“新建”→“Java 项目”命令，在弹出的“新建 Java 项目”对话框中设置“项目名”，并在“内容”中设置项目的保存位置。然后，单击“完成”按钮，完成 Java 项目的创建工作，系统会在项目的保存位置上创建相应的文件夹。

3. 创建 Java 类

执行“文件”→“新建”→“类”命令，在弹出的“新建 Java 类”对话框中设置类名。然后，单击“完成”按钮，完成 Java 类的创建工作，系统会自动在项目文件夹中创建相应的文件。

4. 编写 Java 类

在编辑窗口中，输入以下 Java 程序代码：

```
//Compare.java
import javax.swing.JOptionPane;      //装载 JOptionPane 类
public class Compare{
    public static void main(String args[]){
        String s1,s2;
        s1=JOptionPane.showInputDialog("请输入第一个整数:");
            //s1 接收来自输入文本框的第一个整数
        s2=JOptionPane.showInputDialog("请输入第二个整数:");
            //s2 接收来自输入文本框的第二个整数
        int firstNumber,secondNumber;
        firstNumber=Integer.parseInt(s1);
            //将字符串 s1 转换成整数赋值给 firstNumber
        secondNumber=Integer.parseInt(s2);
            //将字符串 s2 转换成整数赋值给 secondNumber
        //比较两个数的大小
        if(firstNumber>secondNumber){
```

```
                JOptionPane.showMessageDialog(null, firstNumber+"大于"+
                secondNumber);
            }
            else if(firstNumber==secondNumber){
                JOptionPane.showMessageDialog(null, firstNumber+"等于"+
                secondNumber);
            }
            else{
                JOptionPane.showMessageDialog(null, firstNumber+"小于"+
                secondNumber);
            }
        }
}
```

输入完成后，执行“文件”→“保存”命令，即可完成在 Eclipse 下编写 Java 程序的工作。

小提示

方法 JOptionPane.showInputDialog 用于显示“输入”对话框。通过它，可以从用户那里接收输入的信息。

2.3 数　　组

在 Java 中，数组是一种最简单的复合数据类型。数组是有序数据的集合，数组中的每个元素都具有相同的数据类型，可以用统一的数组名和下标来唯一地确定数组中的元素。这些数据在内存中的存放是连续的。数组分为一维数组和多维数组。

2.3.1 一维数组

一维数组是由单一数据类型的数据构成的线性表。本小节将主要介绍一维数组的相关知识。

1. 一维数组的声明

在 Java 中，一维数组的定义形式为：

```
数组元素类型 数组名[ ];
数组元素类型[ ] 数组名；}
```

其中，数组元素类型可以为 Java 中任意的数据类型，包括简单类型和复合类型。数组名必须是合法的标识符。

小提示

在Java语言中，声明数组时不能指定其长度（即数组中元素的个数）。

2. 一维数组的初始化

可以在定义数组的同时为数组元素分配空间并赋值，也就是对数组进行静态初始化。例如，

```
int intArray[]={1,2,3,4};
String stringArray[]={"abc", "How", "you"}; }
```

除了静态初始化外，还可以将数组定义与为数组元素分配内存空间并赋值的操作分开进行，也就是对数组进行动态初始化。首先，利用关键字 new 来为数组分配内存，即创建数组。创建数组空间的语法格式为：

```
数组名=new 数组元素类型[数组元素个数]
```

然后，就可以初始化数组元素了，也就是对每个数组元素赋值。

3. 一维数组元素的引用

只有完成了对所有数组元素的创建和初始化工作之后，才可以在程序中引用数组元素、修改其属性和调用其方法。

Java 中数组元素的引用是通过数组下标实现的，其引用方式为：

```
数组名[数组下标]
```

其中，数组下标可以为整型常数或表达式，下标从 0 开始，到数组元素个数值减 1 为止。每个数组都有一个属性 length 来指明其长度，即数组元素的个数。

2.3.2 多维数组

在 Java 语言中，并没有真正的多维数组，只有数组的数组。Java 中允许多维数组为不规则矩阵的形式。下面将以二维数组为例，介绍 Java 中多维数组的相关知识。

1. 二维数组的定义

在 Java 中，二维数组的定义形式为：

```
数组元素类型 数组名[ ][ ];
数组元素类型[ ] [ ] 数组名;
```

2. 二维数组的初始化

二维数组同一维数组一样，可以进行静态初始化和动态初始化。

(1) 静态初始化

在 Java 语言中，由于把二维数组看作是数组的数组，数组空间不是连续分配的，所以不要求二维数组每一维的大小相同。例如，

```
int intArray[ ][ ]={{1,2},{2,3},{3,4,5}};
```

（2）动态初始化

直接为每一维分配空间，具体语法格式如下：

```
数组名= new 数组元素类型[arrayLength1][arrayLength2];
从最高维开始,分别为每一维分配空间:
数组名= new 数组元素类型[arrayLength1][ ];
数组名[0] = new 数组元素类型[arrayLength20];
数组名[1] = new 数组元素类型[arrayLength21];
…
数组名[arrayLength1-1] = new 数组元素类型[arrayLength2n];
```

小提示

Java 语言中多维数组的声明和初始化应按从高维到低维的顺序进行。对于二维复合数据类型的数组，必须首先为最高维分配引用空间，再顺次为低维分配空间，还必须为每个数组元素单独分配空间。

3. 二维数组元素的引用

与一维数组相同，二维数组元素可以通过指定数组元素下标的方式进行引用。对二维数组中的每个元素，引用方式为：

```
数组名[index1][index2]
```

需要注意的是，在数组的每一维中，数组元素的编号均从 0 开始，到该维的数组元素个数减 1 结束。

2.4　高 阶 案 例

高阶案例也是一个 Java 应用程序，用于实现多个整数数据的排序。通过本案例，将使读者进一步熟悉 Java 语言的基本语法规则，并掌握数组方面的相关知识。

2.4.1　案例简介

本案例是运用 Java 语言的基本语法规则及数组方面的相关知识，对一给定的整数数组按数据大小进行排序，并打印出排序运行的过程及结果。

本案例运行结果如图 2-9 所示。在 Eclipse 下运行 Java 程序时，通常会将在命令窗口中显示的结果显示在“控制台”中。

2.4.2　案例程序设计

首先，双击 Eclipse 文件夹中名为“Eclipse”的可执行文件，启动 Eclipse。然后，开始进行 Java 程序的开发。

1. 创建 Java 项目

执行“文件”→“新建”→“Java 项目”命令，在弹出的“新建 Java 项目”对话

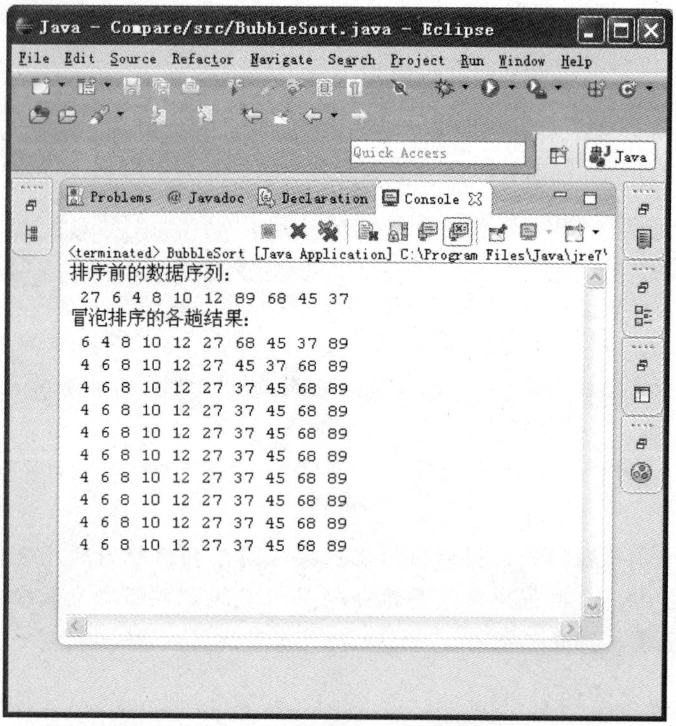

图 2-9　排序运行结果

框中设置“项目名”，并在“内容”中设置项目的保存位置。然后，单击“完成”按钮，完成 Java 项目的创建工作，系统在项目的保存位置上创建相应的文件夹。

2. 创建 Java 类

执行“文件”→“新建”→“类”命令，在弹出的“新建 Java 类”对话框中设置类名。然后，单击“完成”按钮，完成 Java 类的创建工作，系统自动在项目文件夹中创建相应的文件。

3. 编写 Java 类

在编辑窗口中，输入以下 Java 程序代码：

```
//BubbleSort.java
public class BubbleSort{
    public static void main(String args[]){
        int a[]={27,6,4,8,10,12,89,68,45,37};
        System.out.println("排序前的数据序列:");
        printArray(a);
        System.out.println("冒泡排序的各趟结果:");
        sortBubble(a);
        printArray(a);
    }

```

```
        //数组排序的方法
        public static void sortBubble(int a[]){
            int hold;
            for(int pass=1;pass<a.length;pass++){
                for(int i=0;i<a.length-1;i++)
                    if(a[i]>a[i+1]){
                      hold=a[i];
                      a[i]=a[i+1];
                      a[i+1]=hold;
                    }
                printArray(a);
            }
        }

        //打印数组的方法
        public static void printArray(int b[]){
            for(int i=0;i<b.length;i++)
                System.out.print(" "+b[i]);
                System.out.println("");
        }
    }
```

输入完成后，执行“文件”→“保存”命令，即完成在Eclipse下Java程序的编写工作。

本章实训

1. 实训目的

(1) 掌握Java的基础语法规则。

(2) 掌握Java程序的流程控制。

(3) 掌握Java中数组的相关用法。

2. 实训内容

熟悉Java语法规则。

3. 实训步骤

(1) 运算符程序的调试和运行，请记录并分析运行结果。

```
    public class Ex2_1{
        public static void main(String args[]){
            int a=234;
```

```
        int b;
        boolean c;
        b=0;
        c=(a==234)|(b++==1);
        System.out.println("b="+b+"  c="+c);
        b=0;
        c=(a==234)|(b++==1);
        System.out.println("b="+b+"  c="+c);
        b=0;
        c=(a!=234)|(b++==1);
        System.out.println("b="+b+"  c="+c);
        b=0;
        c=(a!=234)|(b++==1);
        System.out.println("b="+b+"  c="+c);
    }
}
```

（2）使用 Eclipse 编写基础实例和扩展实例。

（3）编写 Java Application，取一个随机的 2 位整数，并判断该整数是否为素数。

提示：利用 Java.lang.Math 类中的 random 取一个 0.0～1.0 之间的随机数。

（4）编写程序，完成将源数组 s[] 中第 2～4 数组元素复制到目的数组 d[] 的第 4 个元素开始的位置；显示复制前、后的源数组和目的数组内容。

提示：利用 Java.lang.System 类的 arraycopy()方法进行数组元素复制。

源数组为：int s[] = { 1, 2, 3, 4, 5, 6 };

目的数组为：int d[] = { 10, 9, 8, 7, 6, 5, 4, 3, 2, 1 };

本章小结

Java 中的数据类型有简单数据类型和复合数据类型两种。其中，简单数据类型包括整数类型、浮点数类型、字符类型和布尔类型；复合数据类型包含类、接口和数组。表达式是由运算符和操作数组成的符号序列，对一个表达式运算时，要按运算符的优先顺序从高向低进行，同级的运算符按从左到右的方向进行。条件语句、循环语句和跳转语句是 Java 中常用的控制语句。

数组是最简单的复合数据类型。数组是有序数据的集合。数组中的每个元素具有相同的数据类型，可以用统一的数组名和下标来唯一地确定数组中的元素。在 Java 中，对数组声明时不为数组元素分配内存；只有初始化后，才为数组中的每一个元素分配空间。已定义的数组必须经过初始化后，才可以引用。

数组的初始化分为静态初始化和动态初始化两种。其中，对复合数据类型数组动态初始化时，必须经过两步空间分配：首先，为数组开辟每个元素的引用空间；然后，为每个数组元素开辟空间。

课外阅读

1. 图形对话框

javax. swing 包中提供了 JOptionPane 类来实现类似 Windows 平台下的 MessageBox 的功能。同样地，在 Java 中也有，利用 JOptionPane 类中的各个 static 方法来生成各种标准的对话框，实现显示信息、提出问题、警告、用户输入参数等功能。这些对话框都是模式对话框。

①ConfirmDialog：确认对话框，提出问题，由用户自己来确认（按“Yes”或“No”按钮）。

②InputDialog：文本输入对话框，提示用户输入文本。

③MessageDialog：消息对话框，显示相关信息。

④OptionDialog：组合其他三个对话框类型。

这四个对话框可以采用 showXXXDialog()来显示。例如，showConfirmDialog()显示确认对话框，showInputDialog()显示文本输入对话框，showMessageDialog()显示消息对话框，showOptionDialog()显示选择性的对话框。它们所使用的参数说明如下：

①ParentComponent：指示对话框的父窗口对象，一般为当前窗口。也可以为 null，即采用默认的 Frame 作为父窗口，此时对话框将设置在屏幕的正中。

②message：指示要在对话框内显示的描述性文字。

③String title：指示要在标题栏上显示的标题文字。

④Component：在对话框内要显示的组件（如按钮）。

⑤Icon：在对话框内要显示的图标。

⑥messageType：指示对话框的类型，以不同的图标表示。一般可以为如下值：

ERROR_MESSAGE、INFORMATION_MESSAGE、WARNING_MESSAGE、QUESTION_MESSAGE、PLAIN_MESSAGE 等。

⑦optionType：它决定在对话框的底部要显示的按钮选项。一般可以为 DEFAULT_OPTION、YES_NO_OPTION、YES_NO_CANCEL_OPTION、OK_CANCEL_OPTION 等。

具体使用实例如下所述。

（1）显示 MessageDialog

```
JOptionPane.showMessageDialog(null, "在对话框内显示的描述性的文字", "标题栏的标题文字", JOptionPane.ERROR_MESSAGE);
```

（2）显示 ConfirmDialog

```
JOptionPane.showConfirmDialog(null, "choose one", "choose one", JOptionPane.YES_NO_OPTION);
```

（3）显示 OptionDialog

这种对话框可以由用户自己来设置各个按钮的个数，并返回用户单击各个按钮的序号（从 0 开始计数）。

```
Object[] options = {"确定","取消","帮助"};
int response=JOptionPane.showOptionDialog(this, "这是个选项对话框,用户可以选择自己的按钮的个数", "选项对话框标题", JOptionPane.YES_OPTION, JOptionPane.QUESTION_MESSAGE, null, options, options[0]);
if(response==0)
{
this.setTitle("您按下了 OK 按钮");
}
else if(response==1)
{
this.setTitle("您按下了 Cancel 按钮");
}
else if(response==2)
{
this.setTitle("您按下了 Help 按钮");
}
```

（4）显示 InputDialog，以便让用户输入

```
String inputValue = JOptionPane.showInputDialog("Please input a value");
```

（5）显示 InputDialog，以便让用户选择性地输入

```
Object[] possibleValues = {"First", "Second", "Third"};//用户的选择项目
Object selectedValue = JOptionPane.showInputDialog(null, "Choose one", "Input",JOptionPane.INFORMATION_MESSAGE, null, possibleValues, possibleValues[0]);
setTitle("您按下了"+(String)selectedValue+"项目");
```

2. 排序算法

排序算法是一种基本并且常用的算法。由于在实际工作中处理的数量巨大，所以排序算法对算法本身的速度要求很高。

（1）冒泡排序（Bubble Sort）

最简单的排序方法是冒泡排序法。这种方法的基本思想是：将待排序的元素看作是竖着排列的“气泡”，较小的元素比较轻，要往上浮。在冒泡排序算法中，要对这个“气泡”序列处理若干遍。所谓一遍处理，就是自底向上检查一遍这个序列，并时刻注意两个相邻元素的顺序是否正确。

如果发现两个相邻元素的顺序不对，即“轻”的元素在下面，就交换它们的位置。

显然，处理一遍之后，“最轻”的元素就浮到了最高位置；处理两遍之后，“次轻”的元素就浮到了次高位置。在做第二遍处理时，由于最高位置上的元素已是“最轻”元素，所以不必检查。一般地，第 i 遍处理时，不必检查第 i 高位置以上的元素，因为经过前面 i—1 遍的处理，它们已正确地排好序。算法实现如下：

```
/**
 *冒泡排序
 *@paramsrc 待排序的数组
 */
void doBubbleSort(int[] src)
{
int len=src.length;
for(int i=0;i<len;i++)
{
for(int j=i+1;j<len;j++)
{
int temp;
if(src[i]>src[j])
{
temp=src[j];
src[j]=src[i];
src[i]=temp;
}
}
printResult(i,src);
}
}
```

(2) 选择排序（Selection Sort）

选择排序的基本思想是：对待排序的记录序列进行 n—1 遍处理，第 1 遍处理是将 L [1..n] 中最小者与 L [1] 交换位置，第 2 遍处理是将 L [2..n] 中最小者与 L [2] 交换位置，…，第 i 遍处理是将 L [i..n] 中最小者与 L [i] 交换位置。这样，经过 i 遍处理之后，前 i 个记录的位置就已经按从小到大的顺序排列好了。

当然，实际操作时，可以根据需要，通过从待排序的记录中选择最大者与其首记录交换位置，按从大到小的顺序进行排序处理。

算法如下：

```
/**
 *选择排序
 *@paramsrc 待排序的数组
```

```
*/
void doChooseSort(int[] src)
{
int len=src.length;
int temp;
for(int i=0;i<len;i++)
{
temp=src[i];
int j;
int samllestLocation=i;//最小数的下标
for(j=i+1;j<len;j++)
{
if(src[j]<temp)
{
temp=src[j];//取出最小值
samllestLocation=j;//取出最小值的下标
}
}
src[samllestLocation]=src[i];
src[i]=temp;
printResult(i,src);
}
}
```

(3) 插入排序（Insertion Sort）

插入排序的基本思想是：经过 i−1 遍处理后，L [1..i−1] 已排好序。第 i 遍处理仅将 L [i] 插入 L [1..i−1] 的适当位置，使得 L [1..i] 又是排好序的序列。要达到这个目的，可以用顺序比较的方法。首先比较 L [i] 和 L [i−1]，如果 L [i−1] ≤ L [i]，则 [1..i] 已排好序，第 i 遍处理就结束了；否则交换 L [i] 与 L [i−1] 的位置，继续比较 L [i−1] 和 L [i−2]，直到找到某一个位置 j (1≤j≤i−1)，使得 L [j] ≤L [j+1] 时为止。

简言之，插入排序就是每一步都将一个待排数据按其大小插入到已经排序的数据中的适当位置，直到全部插入完毕。插入排序方法分直接插入排序和折半插入排序两种，这里只介绍直接插入排序。

在下面的插入排序算法中，为了写程序方便，引入一个哨兵元素 L [0]，它小于 L [1..n] 中的任一记录。所以，设元素的类型 ElementType 中有一个常量 −∞，它比可能出现的任何记录都小。如果常量 −∞ 不好事先确定，必须在决定 L [i] 是否向前移动之前检查当前位置是否为 1。若当前位置已经为 1，就应结束第 i 遍的处理。另一个办法是在第 i 遍处理开始时，就将 L [i] 放入 L [0] 中，这样也可以保证在适当的时候结束第i遍处理。下面的算法中将对当前位置进行判断。

算法如下：

```
/**
 *插入排序(while循环实现)
 *@paramsrc待排序的数组
 */
void doInsertSort1(int[] src)
{
int len=src.length;
for(int i=1;i<len;i++)
{
int temp=src[i];
int j=i;
while(src[j-1]>temp)
{
src[j]=src[j-1];
j--;
if(j<=0)
break;
}
src[j]=temp;
printResult(i+1,src);
}
}
/**
 *插入排序(for循环实现)
 *@paramsrc待排序的数组
 */
void doInsertSort2(int[] src)
{
int len=src.length;
for(int i=1;i<len;i++)
{
int j;
int temp=src[i];
for(j=i;j>0;j--)
{
if(src[j-1]>temp)
```

```
{
src[j]=src[j-1];
}else//如果当前的数不小于前面的数,说明不小于前面所有的数,
    //因为前面已经是排好序的,所以直接退出当前一轮的比较
break;
}
src[j]=temp;
printResult(i,src);
}
}
```

课后作业

1. Java 在基础语法上，与 C/C++有哪些区别？
2. 请编写一个 Java Application，使用算术运算符得到一个 4 位十进制数的各位数字并输出，然后输出该数的逆序数和各位数字平方后相加的和。
3. 请编写一个 Java Applet，求程序中给定的 4 个 double 型数据的最大值和最小值，并输出结果。
4. 请编写一个 Java Application，通过对话框依次接收三个参数 x、y、op 做算术运算。其中，x 和 y 为 float 型数据，op 为运算符（+、−、*、/四个符号之一），并在对话框中显示运算结果。
5. 请编写一个 Java Applet，计算 10000 以内所有偶数的累加和（分别用 while、do-while 和 for 循环实现）。
6. 请编写一个 Java Application，求出给定整数的所有公约数的和。
7. 请编写一个 Java Application，判断给定的整数是否为素数。

第 3 章　车辆信息显示

本章引言

本章介绍使用 Java 语言实现面向对象程序设计的基本概念，包括类和对象的关系，类的实例化，类的派生和继承，多重继承的功能接口以及包等概念，并综合运用上述知识给出了两个简单的车辆信息显示的实例。

在初阶案例中，通过类及对象的创建等操作，完成一个可以显示小轿车信息的程序，运行效果如图 3-1 所示。

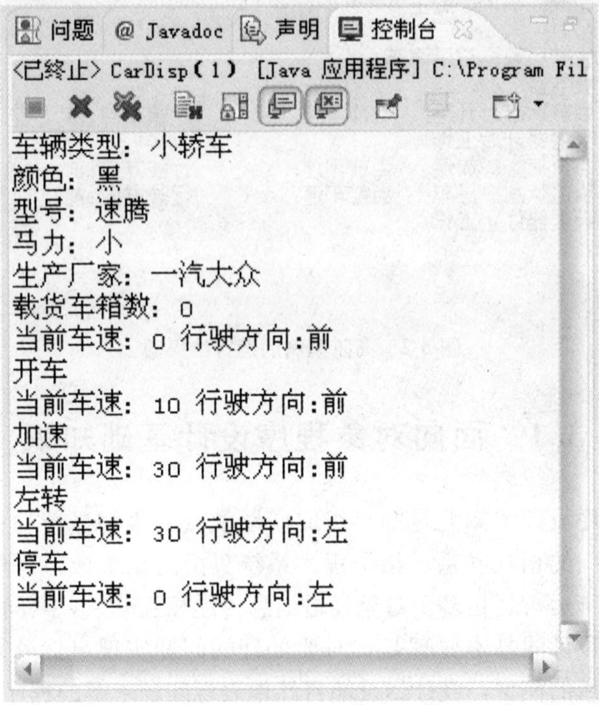

图 3-1　初阶案例运行结果图

初阶案例中的程序只提供了类和对象的创建方法，在高阶案例中引用了派生、继承、重载和接口等内容，使用这些内容对初阶案例进行修改和完善，增加了继承、重载和接口的功能，使用户更好地了解面向对象程序设计的特性。高阶案例运行效果如图 3-2 所示。

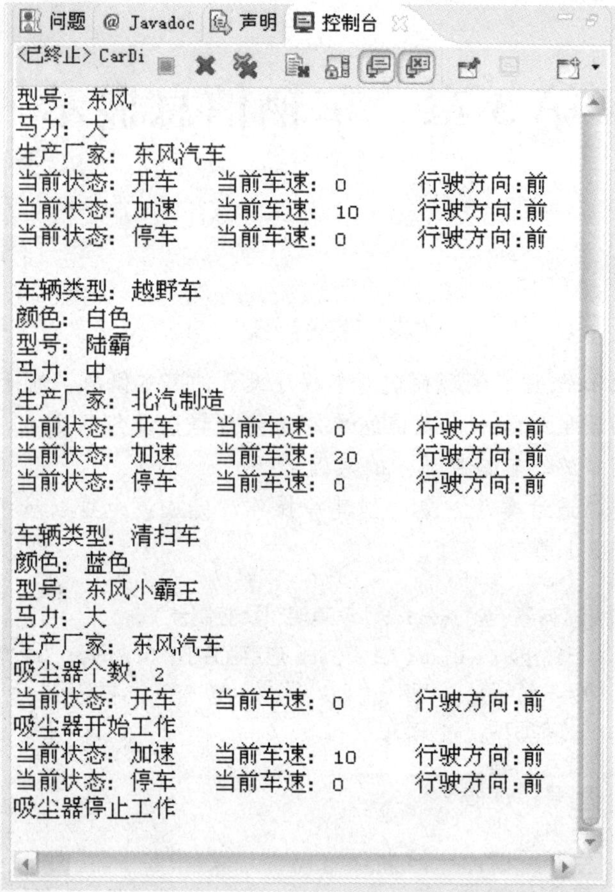

图 3-2 高阶案例的运行结果图

3.1 面向对象程序设计基础知识

面向对象的程序设计实际上是围绕组成问题领域的事物进行的程序设计，所关心的是对象以及对象间的相互联系。整个程序系统只由对象组成，对象间的联系只通过消息传递进行。系统运行就是多个对象经过消息传递相互联系，共同完成某一工作。

面向对象程序设计的基本原理是：对要处理的问题实现自然分割，按照通常的思维方式建立问题领域的模型，设计尽可能自然地表现问题求解的程序。

Java 语言是一种完全面向对象的语言，它通过类、对象等概念来组织和构建整个程序，因此，掌握面向对象程序设计的基本概念和方法是学习 Java 编程的前提和基础。

3.1.1 面向对象程序设计的特点

面向对象程序设计的主要特点是以对象作为基本的逻辑构件；用类来描述具有相同特征的对象，整体地代表这类对象；以继承性作为共享机制，共享类中的方法和属性；对象之间则以消息传递的方式进行通信。

开发人员不再是仅仅根据某种程序设计语言的语句和表达式来编制程序，而是通过装配其他编制者提供的可重用的“软件体”来产生软件。面向对象的程序设计最为显著的特点是具有封装性、继承性和多态性。

1. 封装性（Encapsulation）

所谓封装，就是将相关的信息、操作与处理融合在一个内含的部件中（对象中）。简单地说，封装就是隐藏信息。这是面向对象方法的中心，是面向对象程序设计的基础。

在现实世界中，封装性的例子很多。例如，人们无需了解汽车的内部构造，照样可以驾驶汽车。

例如，与“确定”命令按钮对象有关的数据、执行代码全部封装在一个控件内，对外界完全不透明，与使用者完全隔离。

这样，对象的使用者只能看到对象封装界面的信息（确定），内部的处理过程是隐藏的，无法对它们加以控制和干预。由于数据和代码封装在对象中，所以不易被破坏；而且封装的对象保证系统模块化，不会互相影响，易于维护，简化了软件开发，提高了系统的可靠性、安全性和独立性。

2. 继承性（Inheritance）

在客观世界中，常常把具有相同特征的事物进行归类，如将客车、卡车、轿车归类为汽车。从对象的观点看，具有共同属性、共同操作，并遵守相同规则的对象的集合就是类。类具有三大要素，即属性、事件和方法。单个对象是对应类的一个实例。

对象不是凭空杜撰的，而是从类创建的。从基类可以建立子类；对象可以从基类产生，也可以由子类建立。

子类可以派生它的类的全部属性（数据）和方法；根据某一类建立的对象具有该类的全部属性，这就是继承性。继承性自动在类与子类间共享功能与数据。当某个类做了某项修改，其子类会自动改变。子类将继承其父类的所有特性与行为模式。继承有利于提高软件开发效率，容易达到一致性。

3. 多态性（Polymorphism）

所谓多态性，就是多种形式。不同的对象在接收到相同的消息时，采用不同的动作。例如，一个应用程序包括许多对象，这些对象也许具有同一类型的工作，但是以不同的做法来实现。不必为每个对象的过程取一个过程名，造成复杂化，可以使过程名复用。同一类型的工作有相同的过程名，这种技术称为多态性。

在真实世界中，同类型工作的名称是一样的，不论对象是什么。例如，不管是教英语的，还是教数学的，都称为老师。

多态性允许每个对象以适合自己的方式去响应共同的消息，可以实现软件的简洁性和一致性，符合真实世界的习惯与需求。

3.1.2　类的建立与声明

类（Class）实际上是对某种类型的对象定义变量和方法的原型。它表示对现实生活中一类具有共同特征的事物的抽象，是面向对象编程的基础。

类是对某个对象的定义，它包含有关对象动作方式的信息，包括其名称、方法、属性和事件。实际上，它本身并不是对象，因为它不存在于内存中。当引用类的代码运行时，类的一个新的实例，即对象，就在内存中创建了。虽然只有一个类，但能从这个类在内存中创建多个相同类型的对象。

可以把类看作“理论上”的对象，也就是说，它为对象提供蓝图，但在内存中并不存在。从这个蓝图可以创建任何数量的对象。从类创建的所有对象都有相同的成员：属性、方法和事件。但是，每个对象都像一个独立的实体一样动作。例如，一个对象的属性可以设置成与同类型的其他对象不同的值。

类定义的一般形式如下：

```
限制符 class 类名{
    类体
}
```

类的定义由类头和类体两部分组成。类头一般是由限制符 public 和关键字 class 开头。public 是类属性的限制符，表示是一个公共的类；class 是类定义中使用的关键字，在其后是类名，命名规则与一般标识符的命名规则一致。类体包括所有的细节，并放在一对花括号中。

小提示

在类头中还可以放置其他的限制符，比如可以在 public 和 class 之间放置 abstract，表示定义的是一个抽象类，它不能生成对象实例，只用于派生其他子类；如果放置的是 final，表示这个类是不能被继承的，只能用于实例化对象。

在一个类文件中，必须要有一个类的类名与类文件的名称相同（在多个类同时存放在一个类文件中时也是一样）。比如，基础实例中的 CarDisp. java 文件中就必须有一个名为 CarDisp 的类。

3. 1. 3 类中的属性和方法

类是组成 Java 程序的基本元素，类头中指明了属性和名称，但最主要的部分是类体部分，在其中封装了一系列属性和方法。

1. 属性

属性就是数据成员，它们指定了该类的内部表示，一般由常量或变量组成。比如，基础实例中第 36 行～第 41 行，就是类属性的定义。

在类定义中，属性可以赋初值。如果设置了初始值，实例化对象后，对象中的属性就会继承该值。如果没有在类定义中设置初始值，则在实例化对象后，要进行显式的赋值操作，否则该值为空（null）。

2. 方法

方法是包含一系列语句的代码块，它们指定了该类的操作方法。方法一般由方法头和方法体组成，定义如下：

```
限制符 返回值类型 方法名(参数类型 参数 1, 参数类型 参数 2,…){
    方法体
}
```

限制符规定了方法的一些属性，比如公开（public）或是私有（private）等。返回值类型规定了方法返回值的类型。如果方法需要有返回值，在方法中使用“return 返回值”语句返回一个值；如果方法不需要有返回值，返回值类型要写成“void”。

方法名命名规则与一般标识符的命名规则一致。在面向对象程序设计中，方法名可以相同，这是由多态性体现的，要使用方法的重载。

方法名的后面是一个以括号括起来的参数集合，这些参数是用来向方法传递数据的，每个参数都要说明其类型，参数之间用逗号分隔。如果没有传递给方法的参数，则参数的位置可以为空，但括号要保留。

方法体是一系列 Java 语句组成的，它们必须使用花括号对“{”和“}”括起来，即使一条语句没有。

基础实例中的第 50 行、第 55 行等就定义了没有参数的 run()、turnleft()等方法，并在其中写了相应的操作语句。

小提示

一般情况下，方法体中包含一条或多条语句，但也可以没有语句，即方法体是空，这种情况一般出现在派生类或接口中。

3. 构造方法

方法中有一个特殊的应用，即当方法名与类名相同时，这个方法被称为构造方法，即在对象被实例化时自动调用的一个方法，一般将需要初始化的语句放在其中。构造方法没有返回值，因此不需要设置返回值类型。除此之外，其他内容与一般方法的定义相同。

当没有定义构造方法时，类中会有唯一的、默认的、无参数的构造方法，这个构造方法是隐式地存在的。当在类中显式地定义了构造方法并实例化对象时，就会调用定义的构造方法。同一般方法一样，构造方法也具有多态性。

基础实例中第 44 行就是定义了类的构造方法，并在其中放置了一些初始化的语句。

3.1.4 类中的访问权限

一个 Java 应用有很多类，但是有些类并不希望被其他类使用。每个类中都有数据成员和方法成员，但并不是每个数据成员和方法都允许在其他类中调用。如何能做到访问控制呢？需要使用访问权限修饰符。Java 提供了一组访问权限修饰符，包括 public、private、protected 和 friendly。

1. public 修饰符

类中定义为 public 的成员可以被其他类自由访问，它是最普遍的权限设置类型。

Java 中的类是通过包的概念来组织的，简单地说，定义在同一个程序文件中的所有类都属于同一个包。处于同一个包中的类都是可见的，可以不需任何说明而方便地互相访问和引用。

但是，处于同一个包中的 public 类作为整体对其他类是可见的，并不代表该类的所有数据成员和成员方法同时对其他类是可见的，这得由这些数据成员和成员方法的修饰符来决定。只有当 public 类的数据成员和成员方法的访问权限修饰符也被声明为 public 时，这个类的所有用 public 修饰的数据成员和成员方法才同时对其他类也是可见的。

在程序设计时，如果希望某个类能作为公共工具供其他类和程序使用，应该把类本身和类内的方法都声明为 public。例如，把 Java 类库中的标准数学函数类 math 和标准数学函数方法都声明为 public，供其他类和程序使用。

由于任何其他类都可以访问类中的公有成员，因此，在声明为公有成员变量时要小心，不要引发一些不必要的冲突。建议把成员变量都声明为私有，而把成员方法声明为公有，这样可以避免很多错误。

2. private 修饰符

类中限定为 private 的成员只能被这个类本身访问，而不能被任何其他类（包括该类的子类）访问和引用。它也是类中的成员变量最常采用的访问属性。

需要注意的一点是：同一类的不同对象间可以访问对方的 private 成员变量，或者调用对方的 private 方法，这是因为 private 的访问保护是控制在类的级别上的，而不是控制在对象的级别上的。

3. protected 修饰符

类中定义为 protected 的成员可以被这个类本身、它的派生子类（包括同一个包以及不同包中的子类）以及同一个包中所有的其他类访问。

4. friendly 修饰符

类中定义为 friendly 的成员可以被这个类本身和同一个包中的所有类访问。如果在成员变量和方法前不加任何访问权限的修饰符，即指明它的访问权限为 friendly，也就是说，它是缺省情况，因此没有必要特意声明。

5. 修饰符使用时应注意的问题

有关 Java 语言修饰符的使用，需要注意以下几个问题：

（1）并不是每个修饰符都可以修饰类（指外部类），只有 public 和 friendly 可以。

（2）所有修饰符都可以修饰数据成员、方法成员和构造方法。

（3）为了代码安全起见，修饰符不要使用权限大的，适用即可。比如，对于数据成员来说，如果没有特殊需要，尽可能用 private。

（4）修饰符修饰的是“被访问”的权限。

3.1.5 对象

所谓对象，就是类的实例化，一个对象就是类中所定义的一组变量和相关方法的集合。对象的变量是构成对象的核心，不同对象的变量是分离的。对象通过成员变量和类方法进行相互间的交流，以实现各种复杂的行为。

类和对象的关系就是共性和个性的关系。由于许多对象常常具有一些共性，因此将这些共性抽象出来，就成为了类。通过创建类的一个实例来创建该类的一个对象，通过赋予各个对象不同的值来实现各对象不同的个性。

1. 对象的声明

对象的声明与普通变量的声明相似，首先指定一个类名作为这个对象的类类型，然后在类名后写一个对象名。对象声明的例子如下所示：

```
类 A　对象 A；
类 B　对象 B1，对象 B2；
```

类 A 实例化了一个对象 A，类 B 实例化了两个对象 B1 和 B2。

小提示

对象的声明只是说明这个对象可以存在，但还没有分配空间，如果后面没有实例化这个对象（即创建对象），则无法使用这个对象和对象中的成员。

2. 对象的创建

定义一个类后，可以生成多个不同的对象。对象的生成是通过构造方法完成的，调用工作由 new 运算符实现，在其后是类的构造方法。如果类里没有显式地定义构造方法，需要使用默认的构造方法，即在 new 运算符后写上类名并加上一个括号对。下面的示例中创建了两个对象。

```
对象 A=new 类 A()；
对象 B1=new 类 B("hello")；
```

创建对象时，首先为其分配空间，同时调用构造方法对对象进行初始化设置。当然，也可以在对象创建后再单独初始化，这将生成一个新的实例。

同普通变量一样，对象的声明和创建也可以放在一起。例如，基础实例中第 4 行的代码，就是在声明 Sagitar 对象的同时对其进行实例化。

3. 访问对象中的成员

一个对象可以有许多属性和多个方法。在面向对象的系统中，一个对象的属性和方法被紧密地结合成一个整体，二者是不可分割的，并且限定一个对象的属性值只能由这个对象或它的方法来读取和修改。

当一个对象被创建后，这个对象就拥有了自己的数据成员和成员方法，可以通过引用对象的成员来使用对象。

对象成员的引用方式必须使用运算符“.”。数据成员和方法的引用格式如下所示：

```
对象名.数据成员名
对象名.方法名(参数表)
```

例如，基础实例中的第 6 行和第 20 行等。

3.2 初阶案例

本案例的功能是通过类及对象的创建等操作，完成一个显示小轿车信息的程序。

3.2.1 案例简介

本案例以 3.1 节介绍的面向对象程序设计的基础知识为基础设计，其中只涉及类、对象等简单概念，其他面向对象的设计方法在 3.4 节的高阶案例中加入。

3.2.2 案例程序设计

在 Eclipse 中建立一个小轿车类，在其中定义小轿车的各种属性及其方法，并对小轿车类进行实例化，创建一个速腾轿车的对象；然后，设置速腾轿车对象的属性，并执行相关的方法；最后，显示出这个对象的各种信息。下面是程序的源代码清单。

```
public class CarDisp {   //小轿车类

    public static void main(String[] args) {
        CarDisp Sagitar = new CarDisp();   //创建对象速腾

        Sagitar.color ="黑";
        Sagitar.model ="速腾";
        Sagitar.horsepower="小";
        Sagitar.manufacturer="一汽大众";

        System.out.println("车辆类型:"+Sagitar.type);
......
        System.out.println("生产厂家:"+Sagitar.manufacturer);

        System.out.println ("当前车速:"+Sagitar.speed+"行驶方向:"+
                            Sagitar.direction);
......
    }
```

以下定义和实现了小轿车类中的基本属性和方法。

```
public String type;           //车辆类型
public String color;          //颜色
public String model;          //型号
public String horsepower;     //马力
public String manufacturer;   //生产厂家
public int speed;             //速度
public String direction;      //方向

public CarDisp(){
    type="小轿车";
    direction="前";
    speed=0;
```

```
    }

    public void run(){                // 行驶方法
......
    }

    public void turnleft(){          //左转弯方法
......
    }
......
    }
```

3.3　面向对象程序设计扩展知识

现实世界中的任何事物都是对象。这些对象相互作用，造就了丰富多彩、生机勃勃的世界。继承是存在于面向对象程序中的两个类之间的一种关系，是面向对象程序设计方法中的一种重要手段，是面向对象技术中最具特色、与传统方法最不相同的一个特点。

在一个软件系统中，通过继承机制可以更有效地组织程序结果，明确类间关系，并充分利用已有类来完成更复杂、更深入的开发，实现软件复用。重载可以在同一类中定义多个同名而不同内容的成员方法。Java 语言不支持类的多重继承，而是用接口实现多重继承。

Java 引入了包的机制，以提供类的多重命名空间，同时负责类名空间管理。

3.3.1　派生与继承

继承是面向对象程序设计的一种重要手段。在面向对象的程序设计中，采用继承的机制可以有效地组织程序的结构，设计系统中的类，明确类间关系，充分利用已有的类来完成更复杂、深入的开发，大大提高程序开发的效率，降低系统维护的工作量。

类继承也称为类派生，是指一个类不需要进行任何定义就可以拥有其他类的非私有成员，实现代码重用。若类 B 继承类 A，则属于 B 的对象便具有类 A 的全部或部分性质。称被继承的类 A 为基类、父类或超类，称继承类 B 为 A 的派生类或子类。父类与子类的层次关系如图 3-3 所示。

类的继承反映了客观世界的层次关系，Java 语言以 object 类作为所有类的父类，所有的类都是直接或间接地继承 object 类得到的。Java 还提供不同层次的标准类，使用户可以根据需要派生自己的类。

在 Java 语言中只允许单继承。所谓单继承，是指每个类只能有一个父类，不允许有多个父类。但一个类允许同时拥有多个子类，这时这个父类实际上是所有子类的公共成员变量和公共方法成员的集合；每一个子类是父类的特殊化，是对公共成员变量和方法成员的功能、内涵方面的扩展和延伸。这种单继承关系形成了一颗继承树。

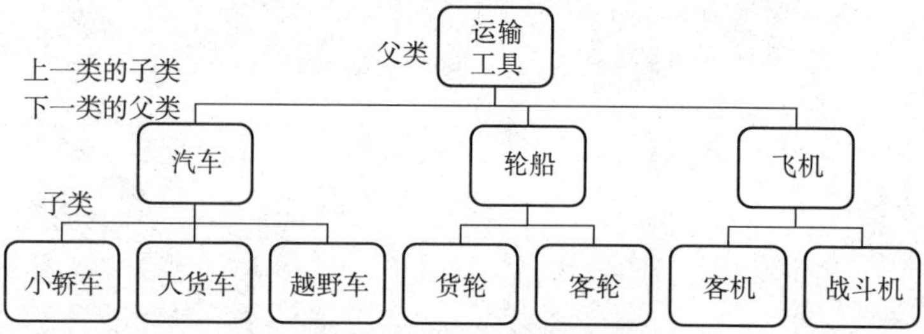

图 3-3　父类与子类的层次关系

类继承不改变成员的访问权限，父类中的成员为公有的或被保护的，其子类的成员访问权限也继承为公有的或被保护的，而父类中的私有成员是不能被继承的。

Java 中使用 extends 关键字作为类的继承声明，在子类名称的后面加上 extends 和唯一的父类名。例如，

```
class Automobile {
    ……
}

class Car extends Automobile {
    ……
}
```

其中，Automobile 为父类，Car 是 Automobile 类的子类，是从 Automobile 类派生出来的。当然，也可以说 Car 类继承了 Automobile 类。

有时在派生的子类中需要引用父类中的数据，或是调用父类中的方法，为此 Java 提供了 super 关键字。如果需要调用父类的构造方法，使用如下格式：

```
super(参数)
```

如果是引用父类中的数据，或是调用父类中一般的方法，格式如下：

```
super. 数据成员；
super. 方法(参数)；
```

3.3.2　方法重载

与以前的编程模式不同，在面向对象的程序设计中，允许多个方法使用相同的名称，但是其参数不能一样，这称为方法重载（Override）。重载的方法主要是通过形式参数列表中参数的个数、参数的数据类型和参数的顺序等方面的不同来区分。在调用方法时，虽然方法名相同，但是系统通过使用参数数量或类型的不同组合来确定调用的是哪一个方法。

方法重载的引入简化了程序员的工作，将方法的选择交由 Java 系统负责。如果没有重载，在编写如下语句段时，需要将其分别写成两个方法，调用的时候也必须由程

序员指定要用的方法。如果某一个方法发生改变，需要仔细查找调用语句，防止发生错误的修改。

```
public int add1(int a, int b){
    return a+b;
}

public float add2(float a, float b){
    return a+b;
}
```

现在有了方法重载，就可以将方法名写成相同的名称，如下面的语句段所示：

```
public int add(int a, int b){
    return a+b;
}

public float add(float a, float b){
    return a+b;
}
```

在调用时，只需要调用方法并给出参数即可，Java 系统会根据不同的参数值自动调用正确的方法。调用方法的语句如下所示：

```
sum1 = add(1, 2);
sum2 = add(2.1, 3.2);
```

构造方法也可以重载，如下面的语句所示：

```
class BigTrucks extends Automobile {

    public BigTrucks(){
        super("卡车");
        color="绿色";
    }

    public BigTrucks(String t){
        super(t);
    }
    ……
}
```

在 BigTrucks 类中定义两个拥有相同名称、不同参数的构造方法。在创建对象时，根据构造函数的不同，会进行不同的初始化操作。

小提示

使用方法重载时，方法的名称可以相同，参数的数量或类型要不同，否则 Java 系统无法正确识别。

3.3.3 接口

许多面向对象的程序语言，如 C++，都允许一个子类不止从一个父类中继承。例如，清扫车既是一种卡车，也是一种清扫设备，所以它是卡车的子类，也是清扫设备的子类。

自然界中这种多继承结构到处可见，但当程序员使用多重继承时，会遇到很多问题，不得不处理父类中可能同名的变量和方法。当子类使用其中的一个名字时，就会产生冲突。另外，已经知道子类构造方法，必须调用它的父类构造方法。当有两个或多个父类时，就变得非常复杂了。

正是由于这些原因，Java 语言不支持类的多重继承，而是用接口（Interface）实现多重继承的功能。在接口中只定义方法，而不给出方法体，所以其中的方法实际上是抽象方法。另外，在接口中只允许定义常量，不允许定义变量。从本质上讲，接口是一种特殊的抽象类。

接口与接口之间允许多重继承。由于接口中只定义方法，而不给出方法体，所以接口之间的多重继承只是方法的集合的合并，即子接口的方法集合是其所有父接口的方法集合的并集，即使继承了多个相同的方法，也不会引起方法执行时的混淆。接口需要通过在类中实现来实现其功能，一个类可以实现多个接口。

1. 接口的定义

Java 语言中的接口是通过 interface 关键字来声明的，其格式如下：

```
interface 接口名 {
    接口体
}
```

interface 是定义接口的关键字，其后是接口的名字。接口具有 public 访问权限，所以即使在程序代码中没有写出 public，也不影响其访问权限。

接口体中包含常量定义和方法声明两部分。在接口体中定义的数据成员必须赋予初值，并且在引用这个接口的类中将不能被修改。这与定义一个常量在作用上是相似的。

接口体中的方法只进行方法声明，无需提供方法体，方法体中的内容需要在引用这个接口的类中补充完整。下面的示例定义了一个清扫设备接口。

```
interface CleaningEquipment {              //清扫设备接口
    public int CleanerNumber = 2;

    public void CleanBegin();
    public void CleanStop();
}
```

2. 接口的继承

Java语言允许在已有接口的基础上定义新接口，这是通过接口的继承机制实现的。Java语言不允许类之间的多重继承，但允许接口之间的多重继承。

接口之间的继承像类的继承一样，也是用extends子句来实现的。被继承的接口称为父接口。在extends子句中，可以写出当前接口所要继承的所有父接口，如果父接口多于一个的话，用逗号隔开，具体的语法格式为：

```
interface 子接口名 extends 父接口名1，父接口名2
{
    接口体
}
```

子接口继承各个父接口的全部成员。对于相同的成员，子接口中只保留一个副本。或者说，子接口的方法成员的集合是各个父接口的方法成员的集合的并集。

3. 接口的实现

接口中只声明了方法成员，没有给出方法体，还不能在程序中使用。要想使用接口中声明的方法成员，必须在实现接口的类中给出方法体，这个过程称为接口的实现。在类的声明中，用implements子句表示实现某个或某些接口。

虽然一个子类只能继承一个父类，但是可以实现多个接口。多个接口的名字写在implements子句中，用逗号分开。接口中定义的方法都必须在实现接口的类中给出方法体。给出了方法体，接口就实现了。即使没有必要给出方法体的方法，按照语法要求，在形式上也必须给出一个由“{”和“}”标出的空方法体。

类的继承和接口的实现可以出现在同一个类定义中，所以可以在一个类定义中同时出现extends子句和implements子句。extends子句和implements子句之间可以连续依次写，不需要用逗号或其他符号隔开。

下面的示例定义一个既继承了BigTrucks类，又实现了CleaningEquipment接口的子类CleanVehicle。在子类中将继承父类所有可以继承的成员，也会继承接口中的全部成员：

```
class CleanVehicle extends BigTrucks implements CleaningEquipment {
    ......
}
```

3.3.4 包

开发大型软件时，可能会有很多人参与，如果编写的代码较繁杂，参加编写的人员写出很多Java类，很可能由于类的命名和引用问题引发冲突。Java引入了包的机制，提供类的多重命名空间，同时负责类名空间管理。

所谓“包”，就是一个设定的命名集合，它是Java提供的组织类和接口的一种有效工具。定义的类都加入某一个包，并作为包的一部分存在。Java类中的成员变量和成员方法都在类中定义，使用包机制使得每个Java变量和方法都可以用全限定的名字来表示，包括包名、类名和成员（方法和变量）名，各部分间用点号分隔。

简单地说，如果两个不同的程序员编制的代码在命名上重复，又被放在了同一个名字空间内，必然引发冲突。但引入包机制，将这些同名的标识符放在不同的名字空间内，使用时就可以很方便地区分，不会再引起冲突。

在考虑把设计好的Java类和接口放入一个或多个包时，尽量把那些用途相同、功能相近、关系比较密切的类和接口放在同一个包中，这样在使用时会非常方便。实际上，Java中的所有包都是这样定义的。

1. 包的创建

创建一个包非常简单，在Java源文件的最开始包含一条package语句即可。其语法格式如下：

```
package 包名;
```

其中，package是关键字，其后是包的名字。package语句定义了一个类存放的命名空间，所有使用相同包名称的类都被归在同一个包中。如果没有package语句，类的名字被放进一个默认的包中，该包没有名字，这就是在前面编写程序时不用考虑包的原因。但在实际编程中，建议尽量使用包。

为了更好地使用包中的类，可以创建不同层次的包，这通常是由不同包的功能分类决定的。采用下面的形式可以创建一个包的层次结构：

```
package p1[.p2[.p3]];
```

其中，p1、p2等代表不同的包的层次，各层间用点号“.”隔开，反映在文件系统中，就是最终的文件保存在p1目录的p2子目录的p3分目录中。

例如，

```
package java.awt.image;
```

这表示将所定义的类存在目录java\awt\image中。

2. 包的使用

定义好的包可以通过import语句来引用。在Java源文件中，import语句需要放在package语句之后，但在其他任何类定义之前。例如，

```
import package1[.package2].(classname|*);
```

当需要在同一个包中引入多个类时，可以不针对每个类写一条 import 语句，而只写一条 import 语句，将“*”替换成具体的类名。这里“*”是一个通配符，意味着引入包中的所有类。如果需要从多个包中引入多个类，使用多条 import 语句逐一引入。

比如，下面是引入 Java 的 I/O 包中内容的例子：

```
import java.io.*;
```

需要注意的是，“*”方式可能会增加编译的时间，特别是在引入一个大包时。因此，比较好的办法是显式地引入要用到的类或是子包，而不是整个包。

3. Java 的常用包

为了方便用户编写程序，Java 中提供了大量的类库供程序员使用。这些类按实现功能的不同划分，并分别存放在不同的包中。了解类库的结构可以帮助程序员人人节省编制程序的时间，而且使编写的程序更简单、更实用。Java 中丰富的类库资源是 Java语言的一大特色，也是 Java 程序设计的基础。

Java 类库中有 9 个基本包，分别是 java.lang、java.io、java.util、java.net、java.awt、java.awt.image、java.applet、java.text 和 java.beans。下面简单介绍各个包的功能。

（1）java.lang 包

java.lang 包是 Java 中最常用的包，它是 Java 程序默认加载的几个包中的一个。该包中的内容包括：布尔、字符、数字的封装类，Math 数学类，Number 类，Object 类等。其中，Object 类是 Java 语言中层次最高的类，它是所有类的超类，未定义父类的所有类都自动继承了 Object 类的特性。

（2）java.io 包

java.io 包是处理输入和输出的包，操作对象可以是键盘、屏幕、打印机、磁盘文件或者是网络。其中重要的类有：inputstream 输入类、outputstream 输出类、ioexception 输入/输出异常类。此外，该包还定义了一些接口。

（3）java.util 包

java.util 包中包括许多具有特定功能的类，所处理的对象有日期、向量、堆栈、集合和哈希表等。其中较重要的类有：Date 类、Stack 类、Timer 类、Random 类等。

（4）java.net 包

java.net 包用于支持基于 URL 和 Socket 的网络输入/输出应用。该包中定义的一些较重要的类如下：DatagramPacket 类、URL 类、Socket 类、ServerSocket 类等。

（5）java.awt 包

java.awt 包提供了用于创建图形用户界面元素的类。该包中包括字体、颜色、形状等基本绘图工具，还支持如按钮、列表框、菜单、标签等组件。

（6）java.awt.image 包

java.awt.image 包可提供管理图像数据功能，可用于设定颜色模式、颜色过滤器、像素值等，常用于图像的高级处理。

（7）java.applet 包

java.applet 包是 Java 小程序的专用包。Java 小程序可以嵌入到 Web 页面中，并在主页中提供添加动画、声音、图片以及事件响应等功能。

（8）java. text 包

java. text 包提供以与自然语言无关的方式来处理文本、日期、数字和消息的类和接口。

（9）java. beans 包

java. beans 包是 Java 应用程序环境的平台组件结构包，该包中定义了多种可大大丰富应用程序编程的 JavaBean 组件接口。

3.4 高阶案例

初阶案例中的程序只提供了类和对象的创建方法，结合扩展知识中的派生、继承、重载和接口等内容，对初阶案例中的程序进行修改和完善，增加继承、重载和接口的功能，使用户更好地了解面向对象程序设计的特性。

3.4.1 案例简介

本案例中定义了一个父类 Automobile，并定义了两个接口，分别是速度控制接口和清扫设备接口。其中，在速度控制接口中给出了初始速度设置、加速、减速等方法，用于实现不同车辆的速度控制。

从父类中派生出小轿车和大货车以及越野车子类，并在三个子类中实现速度控制接口；然后，从卡车类中派生出清扫车类，并实现了清扫设备接口。

3.4.2 案例程序设计

在 Eclipse 中新建立一个项目 CarDisp2，并在其中增加类文件 CarDisp2. java，然后输入以下语句：

```
public class CarDisp2 {

    public static void main(String[] args) {
        Car auto1 = new Car();
        BigTrucks auto2 = new BigTrucks();
        Suv auto3 = new Suv();
        CleanVehicle auto4 = new CleanVehicle();

        auto1. display1();
        auto1. run();
        auto1. display2("开车");
        auto1. speedup();
        auto1. display2("加速");
        auto1. stop();
```

```
            auto1.display2("停车");
......
        }
}

interface CleaningEquipment {    //清扫设备接口
        public int CleanerNumber = 2;

        public void CleanBegin();
        public void CleanStop();
}

interface SpeedControl {
        public void initspeed();//设置初始速度
        public void speedup();  //加速方法
        public void speeddown(); //减速方法
}
......
class Car extends Automobile implements SpeedControl {

        public Car(){
            super("轿车");
            color="红色";
            model="速腾";
            horsepower = "小";
            manufacturer= "一汽大众";
        }

        public void initspeed(){
            speed = 30;
        }

        public void speedup(){  //加速方法
              speed = speed + 30;
        }

        public void speeddown(){ //减速方法
              speed = (speed < 30) ? 0 : (speed-30);
```

```
    }
}
……
class Automobile {
    public String type;              //车辆类型
    public String color;             //颜色
    public String model;             //型号
    public String horsepower;        //马力
    public String manufacturer;      //生产厂家
    public int speed;                //速度
    public String direction;         //方向

    public Automobile(String t){
        type = t;
    }
……
}
```

本章实训

1. 实训目的

(1) 掌握面向对象程序以数据为核心的设计思想。

(2) 创建和使用自己的类。

2. 实训内容

根据下面的步骤实现一个圆类 Circle。

3. 实训步骤

(1) 在 Eclipse 中新建项目、包和添加类文件。

(2) 在类文件中编写程序代码，创建一个 Circle 类，其成员变量为半径 radius，其方法成员为：

①构造方法 Circle()，将半径置为“0”；

②构造方法 Circle(double r)。创建 circle 对象时，将半径初始化为 r；

③Double getradius()，获得圆的半径值；

④Double getperimeter()，获得圆的周长；

⑤Double getarea()，获得圆的面积；

⑥Void disp()，将圆的半径、周长、面积输出到屏幕。

(3) 保存类为 Circle. java 到文件夹中。

(4) 编写完成后，在 Eclipse 中调试并测试程序。

本章小结

通过本章的学习，读者可以了解并掌握有关面向对象程序设计的基本概念。本章以基础实例为引导，首先介绍了面向对象的程序设计方法，重点讲解了Java类的建立与声明的方法以及对象的实例化；然后介绍了Java中继承、重载、接口以及包的概念，着重讲解了继承以及接口的实现方法；最后，结合前面所讲内容，将基础实例进行扩展，完成了一个更丰富的车辆信息显示程序。

通过实例的学习，读者可以更进一步了解Java程序中类、对象以及继承、接口等基本概念，掌握面向对象程序设计的基本编程方法和设计思想。

课外阅读

1. OOP——面向对象的程序设计

(1) 关于OOP

OOP（Object Oriented Programming）中文译为面向对象的程序设计。所谓“对象”，就是一个或一组数据以及处理这些数据的方法和过程的集合。面向对象的程序设计完全不同于传统的面向过程程序设计，它降低了软件开发的难度，使编程就像搭积木一样简单，是当今计算机编程的一股势不可挡的潮流。

OOP的一条基本原则是计算机程序是由单个能够起到子程序作用的单元或对象组合而成。OOP达到了软件工程的三个主要目标：重用性、灵活性和扩展性。为了实现整体运算，每个对象都能够接收信息、处理数据和向其他对象发送信息。

(2) OOP技术的历史

面向对象技术最初是从面向对象的程序设计开始的，它的出现以20世纪60年代Simula语言为标志。80年代中后期，面向对象程序设计逐渐成熟，被计算机界理解和接受，人们开始进一步考虑面向对象的开发问题。这就是90年代以Microsoft Visual系列为代表的OOP软件流行的背景。

传统的结构化分析与设计开发方法是一个线性过程，因此它要求现实系统的业务管理规范，处理数据齐全，用户能全面、完整地满足其业务需求。

传统的软件结构和设计方法难以适应软件生产自动化的要求，因为它以过程为中心进行功能组合，软件的扩充和复用能力很差。

对象是对现实世界实体的模拟，因而能更容易地理解需求，即使用户和分析者之间具有不同的教育背景和工作特点，也可以很好地沟通。

区别面向对象的开发和传统过程的开发的要素有：对象识别和抽象、封装、多态性和继承。

对象（Object）是一个现实实体的抽象，由现实实体的过程或信息性来定义。一个对象可被认为是一个把数据（属性）和程序（方法）封装在一起的实体，这个程序产生该对象的动作或对它接收到的外界信号进行反应。这些对象操作有时称为方法。对象是个动态的概念，其中的属性反映了对象当前的状态。

类（Class）用来描述具有相同属性和方法的对象的集合。它定义了该集合中每个对象所共有的属性和方法。对象是类的实例。

由以上分析不难看出，尽管OOP技术更看中用户的对象模型，但都是以编程为目的，而不是以用户的信息为中心的，总想把用户的信息纳入到某个用户不感兴趣的"程序对象"中。

（3）OOP的应用

OOP最有前途的应用领域如下：

①实时系统；

②仿真和建模；

③面向对象数据库；

④超文本、超媒体和扩展文本；

⑤AI（人工智能）和专家系统；

⑥神经网络和并行程序设计；

⑦决策支持和办公自动化系统；

⑧CIM/CAM/CAD系统。

2. RoboCode

RoboCode是2001年7月在美国IBM公司的Web AlphaWorks上发布的坦克机器人战斗仿真引擎。与通常的游戏不同，参赛者必须通过给机器人编程，为机器人设计智能来自动指挥它，而不是由键盘、鼠标简单地直接控制。RoboCode是一种有趣的竞赛性编程，使用几行简单的代码，就能够让用户创建一个活生生的机器人，一个真正的在屏幕上与其他机器人互相对抗的机器人。

用户可以看到它在屏幕上四处疾驰，碾碎一切挡道的东西。机器人配有雷达与火炮，在躲避对手进攻的同时攻击对手，以此来较量得分的多少。RoboCode可以让用户在娱乐的同时学习与提高Java技术。

有人提议，为极限编程（Extreme Programming，XP）感兴趣的开发人员构建一个工作间，把一群人凑到一起，分成小组研究该方法学。然后，由一位经验丰富的极限编程教练对工作间进行管理，帮助参加者理解其原理。建议各小组采用的项目就是创建RoboCode机器人。

RoboCode是由IBM的AlphaWorks项目成员Matthew Nelson编写的。从第一个版本开始，Matthew对该软件的API做了相当多的改进，该软件为机器人的编写提供了一套完美的框架。用于创建机器人的基类称作Robot。机器人都继承自这个类。Robot类提供了所有与游戏交互所需的方法函数。

在研究API之前，先了解一些术语。机器人基本上是一些小型坦克。这些坦克可以旋转、向前或向后移动。它们的顶部有一个用于射击的火炮。在火炮上面还有一个雷达系统，用于侦测其他机器人。机器人的底盘、火炮和雷达系统都可以独立运动，也可以相互"锁定"，一起移动。换句话说，如果将雷达向下锁定，它将随火炮一起移动；如果火炮向下锁定，它将随机器人的底盘一起移动。

下面是在编写机器人之初用得最多的方法函数：

①ahead()，back()——向前和向后移动；

②fire()——开火；

③setAdjustGunForRobotTurn()—— 控制火炮是否向下锁定；

④setAdjustRadarForGunTurn()——控制雷达是否向下锁定；

⑤turnRight()，turnLeft()—— 实现机器人旋转；

⑥turnGunRight()，turnGunLeft()—— 旋转火炮；

⑦turnRadarLeft()，turnRadarRight()——旋转雷达反射镜。

注：上述两篇课外阅读文章摘编自百度百科。

课后作业

1. 创建一个 Eggs 类，赋值给它的 main()方法里的一个名为 numbersOfEggs 的整型变量。创建一个方法接收 numbersOfEggs，方法按“打”显示鸡蛋。例如，50 个鸡蛋是“4 打余 2”，最后把程序以 Eggs. java 文件名保存到文件夹中。

2. 定义“animal（动物）”类，其子类为“dog（狗）”和“cow（牛）”，并相应地设置其属性 name 及方法 speak。

第4章　计 算 器

本章引言

本章介绍Java图形用户界面（GUI）和事件处理的基础知识，包括图形用户界面中AWT和Swing两个类库中常用的容器和组件等，以及各类常用的事件处理机制。同时，介绍异常处理机制在Java语言中的应用，并综合运用上述内容完成计算器的实例。

初阶案例实现了一个简易计算器，通过使用一些常用组件并进行事件监听处理，实现对数字的输入，以及进行加（+）、减（−）、乘（*）、除（/）等简单算术运算。计算器程序界面如图4-1所示。

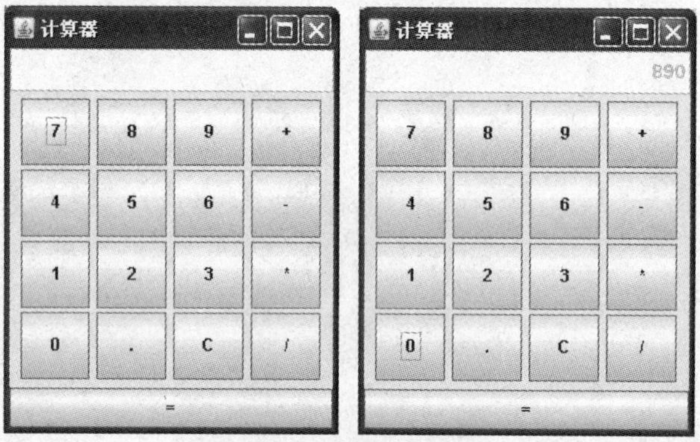

图4-1　计算器程序的界面

在高阶案例中，为了进行容错处理，在初阶案例的基础上添加了异常处理功能，用于处理包括分母为0的各种错误情况。运行效果如图4-2所示。

图4-2　扩展程序显示效果

4.1 界面设计与布局管理器

图形用户界面 GUI（Graphical User Interface）主要是程序提供给用户操作的图形界面，包括窗口、菜单、按钮、文本区、复选框和其他各种屏幕元素。Java 中提供了 AWT 和 Swing 两个类库，为 GUI 设计提供了丰富的功能。

AWT 是早期版本；Swing 是改进版本，具有 AWT 的所有组件，还提供了更加丰富的组件和功能。图形用户界面各种组件类都位于这两个包中。

在 Java 中，构成图形用户界面的事件以及各界面元素和成分主要包括组件、容器和控制组件等。

4.1.1 容器

组件（Component）又称构件，是构成图形用户界面的个元素。组件分为容器（Countainer）和非容器类组件两大类，容器（Container）是一类特殊的组件，它可以容纳其他组件，如窗口、对话框等。

容器类是 java. awt. Container 的直接或间接子类，它新增了一个可以将其他 Component 对象嵌入到 Container 中的方法，其他 Container 对象被存储在 Container 内部，构成多级包含系统，可以统一布局。

可以这样理解，在构建一个图形用户界面时，首先要有容器，之后其他组件被分别放置在容器的不同位置上显示。其他的类似标签（Label）、按钮（Button）等可成为控制组件，是图形用户界面中最小的单位之一。

常见的容器有下面几种。

1. 面板

面板（Panel）类是 Container 的一个具体子类。它是一个无标题栏、菜单栏或边框的窗口，不能作为最外层的容器单独存在，必须作为一个组件放置到其他容器中。可以将面板理解为是一个透明的区域，用于放置其他组件。

2. 窗口（Window）

窗口类创建一个顶级窗口。顶级窗口不包含在任何其他对象中，它直接位于桌面上。一般不直接使用它创建窗口对象。

3. 框架（Frame）

框架是窗口的子类，有标题栏、菜单栏、边框和控制按钮。一般在 AWT 中用来创建一个实际的窗口对象。

在图形用户界面设计中，首先创建的组件就是容器，其次要把其他组件放置到对应的容器中。下面具体介绍使用 AWT 和 Swing 两个类库如何创建一个图形用户界面。

4.1.2 AWT 常用组件

AWT 是抽象窗口工具集 Abstract Window Toolkit 的缩写，它是 Java 中的几个核心包之一，该包中包括定义字体（Font）、颜色（Color）、几何绘图（Graphics）等类；还包括许多与 Java 早期窗口组件设计相关的类，如标签（Label）、按钮（Button）、文本输入（TextArea 和 TextField）、窗口（Frame）、菜单（Menu）、面板（Panel）和对话框（Dialog）等。该包中也包括设置容器中各个组件如何布局（Layout）的类，如图 4-3所示。

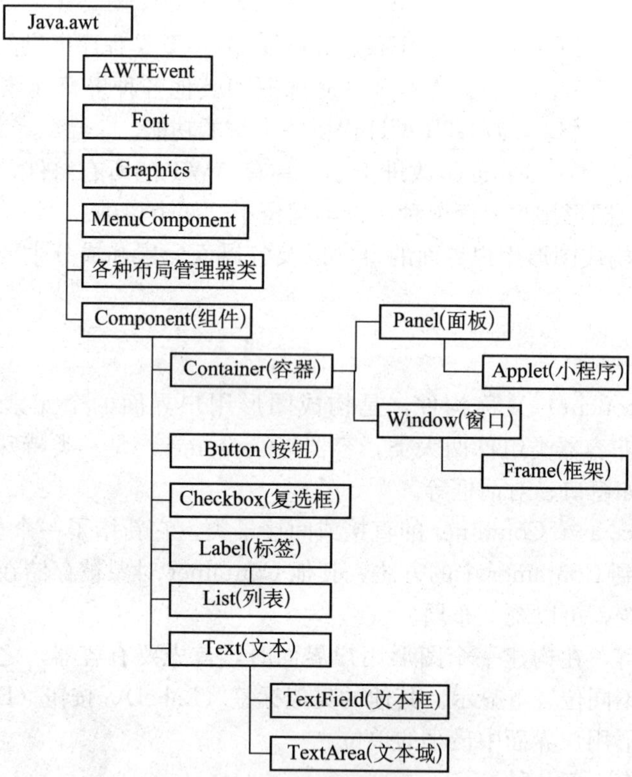

图 4-3 AWT 结构图

如果程序中用到了该包中的类，需要在源程序前面通过 import 语句引入对应的类库，具体代码如下：

```
import java. awt. * ;
```

AWT 中常用的容器及构件如下所述。

1. 框架（Frame）

可以用 Frame 创建一个 Windows 窗口，用于存放其他组件，通过 add( ) 方法向容器中添加。表 4-1 列出了 Frame 类常用的构造方法。

表 4-1 Frame 类常用的构造方法及其说明

构造方法	说　明
Frame()	构造一个最初不可见的 Frame 新实例（）
Frame(String s)	构造一个新的、最初不可见的、具有指定标题的 Frame 对象

具体代码如下：

```
Frame f;                          //创建一个框架
f=new Frame("窗口标题名称");//实例化窗口对象 f
```

2. 标签（Label）

标签是显示文本的组件，可以显示单行的字符串，起着传递消息的作用。用户不能对其进行修改，只能查看其内容。表 4-2 和表 4-3 列出了 Label 类常用的构造方法和常用的方法。

表 4-2　Label 类常用的构造方法及其说明

构造方法	说　明
Label()	构造一个空标签
Label(String s)	使用指定的文本字符串构造一个新的标签，其文本对齐方式为左对齐
Label(String s, int alignment)	构造一个显示指定的文本字符串的新标签，其文本对齐方式为指定的方式。对齐方式有 Label. LEFT、Label. CENTER、Label. RIGHT

具体代码如下：

```
Label  myLabel;                             //创建一个标签
myLabel=new Label("标签文字");        //实例化标签对象,设置标签文字
```

添加标签的代码如下：

```
f. add(myLabel);   //把标签添加到容器 f 中
```

表 4-3　Label 类常用的方法及其说明

常用方法	说　明
getText()	获取标签上文本的内容
setText(String s)	设置在标签上显示文本

具体代码如下：

```
myLabel. getText();
myLabel. setText("标签新文字"); //设置标签上新文本
```

3. 按钮（Button）

按钮是用来触发特定动作的组件。当用户用鼠标单击按钮时，系统会自动执行与该按钮相联系的程序，完成预先制定的功能。表 4-4 和表 4-5 列出了 Button 类常用的构造方法和常用的方法。

表 4-4　Button 类常用的构造方法及其说明

构造方法	说　明
Button()	构造一个标签字符串为空的按钮
Button(String s)	构造一个带指定标签的按钮

具体代码如下：

```
Button  myButton;
myButton=new Button("按钮"); //实例化按钮
```

添加标签的代码如下：

```
f. add(myButton)；   //把按钮添加到容器 f 中
```

表 4-5 Button 类常用的方法及其说明

常用方法	说明
getLabel()	获取按钮上文本的内容
setLabel(String s)	设置按钮上显示的文本

具体代码如下：

```
myButton. getLabel()；
myButton. setLabel("新按钮")；//设置按钮上新标签
```

4. 文本框（TextField）

文本框用来接收用户通过键盘输入的单行文本信息。通过事件处理机制，程序可以使用这些文本或数据信息。表 4-6 列出了 TextField 类常用的构造方法。

表 4-6 TextField 类常用的构造方法及其说明

构造方法	说明
TextField()	构造新文本字段
TextField(String s)	构造具有指定列数的新空文本字段
TextField(int columns)	构造使用指定文本初始化的新文本字段
TextField(String s，int columns)	构造使用要显示的指定文本初始化的新文本字段，宽度足够容纳指定列数

具体代码如下：

```
TextField  myTextField;
myTextField=new TextField("显示的文本",10);//实例化单行文本,并指定初始化
                                          //文字和宽度为容纳 10 个字符
```

表 4-7 列出了 TextField 类常用的方法。

表 4-7 TextField 类常用的方法及其说明

常用方法	说明
getText()	获取文本框内显示的文本的内容
setText(String s)	设置文本框内显示的文本
setEditable(boolean b)	设置文本框的可编辑性。若为 false，表示不可编辑

具体代码如下：

```
myTextField. getText()；
myTextField. setText("新文本内容")；//设置文本框显示的文本
myTextField. setEditable(false)；     //设置文本框内容不能再编辑
```

5. 文本域（TextArea）

文本域用来接收用户通过键盘输入的多行文本信息。表 4-8 列出了 TextArea 类常用的构造方法。

表 4-8　TextArea 类常用的构造方法及其说明

构造方法	说　明
TextArea()	构造一个将空字符串作为文本的新文本区
TextArea(int rows, int columns)	构造一个新文本区。该文本区具有指定的行数和列数，并将空字符串作为文本
TextArea(String s)	构造具有指定文本的新文本区
TextArea(String s, int rows, int columns)	构造一个新文本区。该文本区具有指定的文本，以及指定的行数和列数
TextArea(String s, int rows, int columns, int scrollbars)	构造一个新文本区。该文本区具有指定的文本，以及指定的行数、列数和滚动条可见性

具体代码如下：

```
TextArea  myTextArea;
myTextArea =new TextArea("显示的文本",10,3); //实例化多行文本区,并指定
                                          //初始化文字和该文本区的行数和列数
```

其常用方法和上述文本框（Textfield）类似。表 4-9 列出了 TextArea 类常用的方法。

表 4-9　TextArea 类常用的方法及其说明

常用方法	说　明
getText()	获取文本框内显示的文本的内容
setText(String s)	设置文本框内显示的文本
setEditable(boolean b)	设置文本框的可编辑性。若为 false，表示不可编辑

6. 复选框（Checkbox）

复选框可以让用户进行多项选择。复选框有两种状态，分别为“开”和“关”。当用户点中复选框时，复选框的状态就会改变。表 4-10 列出了 Checkbox 类常用的构造方法。

表 4-10　Checkbox 类常用的构造方法及其说明

构造方法	说　明
Checkbox()	创建无标签的复选框
Checkbox(String s)	创建标签内容为 s 的复选框
Checkbox(String s, Boolean b)	创建标签内容为 s 的复选框，同时指定复选框的状态

具体代码如下：

```
Checkbox  myCheckbox;
myCheckbox=new Checkbox("复选框");//创建复选框,并指定复选框的标签内容
```

7. 单选按钮组（CheckboxGroup）

单选按钮是在复选框的基础上创建的。单选按钮的选择是互斥的，当用户选中了组中的一个按钮后，其他按钮自动处于未选中状态。表 4-11 列出了 CheckboxGrou 类常用的构造方法。

表 4-11　CheckboxGroup 类常用的构造方法及其说明

构造方法	说　明
CheckboxGroup(String s，CheckboxGroup myCbG，Boolean b)；	创建单选按钮组

具体代码如下：

```
CheckboxGroup myCheckboxGroup=new CheckboxGroup();//创建一个单选按
                                                   //钮组
Checkbox myCheckbox1=new Checkbox("单选 1",myCheckboxGroup,true);//
创建一个复选框 1,并把它加入到上面创建的单选按钮组中。设置默认为选中状态
Checkbox myCheckbox2=new Checkbox("单选 2",myCheckboxGroup,false);//创建
一个复选框 2,加入单选按钮组。设置默认状态为未选中状态
```

最后，将组件放置到容器中时，添加复选框即可。

```
f.add(myCheckbox1);//向 f 中添加复选框对象,而不是单选按钮组
f.add(myCheckbox2);
```

8. 下拉列表（Choice）

下拉列表的选项框每次只能显示一个选项。如果希望查看或选择其他选项，需单击下拉列表右边的下箭头，并从选项框中选择一个选项。表 4-12 和表 4-13 列出了 Choice 类常用的构造方法和常用的方法。

表 4-12　Choice 类常用的构造方法及其说明

构造方法	说　明
Choice()	创建下拉列表

具体代码如下：

```
Choice   myChoice=new Choice(); //创建下拉列表
myChoice.addItem("下拉列表一"); //向下拉列表中添加列表项
myChoice.addItem("下拉列表二");
……
```

添加标签的代码如下：

```
f.add(myChoice);// 把下拉列表添加到容器 f 中
```

表 4-13　Choice 类常用的方法及其说明

常用方法	说　明
select(String s)	选择指定选项的文本内容
getSelectItem()	获取被选中选项的标签文本字符串
getItem(int x)	获取指定下标值的选项

9. 列表框（List）

列表可以使用户选择多个选项，列表框的所有选项都是可见的。当选项数目超过了列表框的可见区域时，在列表框的右侧出现一个滚动条，允许用户翻页寻找。表 4-14 和表 4-15 列出 List 类常用的构造方法和常用的方法。

表 4-14　List 类常用的构造方法及其说明

构造方法	说　明
List(int x , boolean b)	创建列表框，x 指定列表高度，b 指定列表是否可以同时选中多个选项。取 true，允许多选；取 false 时，为单选

具体代码如下：

```
List  myList=new  List(3,true);
myList.add("列表选项一");
myList.add("列表选项二");
```

添加标签的代码如下：

```
f.add(myList);// 把列表添加到容器 f 中
```

表 4-15　List 类常用的方法及其说明

常用方法	说　明
getSelectItem()	获取用户选中的选项文本
getSelectIndex()	获取被选中的选项的序号

10. 菜单（Menu）

完整的菜单系统由菜单条、菜单和菜单项组成，其对应的类分别是 MenuBar、Menu 和 MenuItem。一个菜单的组成如图 4-4 所示，表 4-16 列出了这三类构造使用的方法。

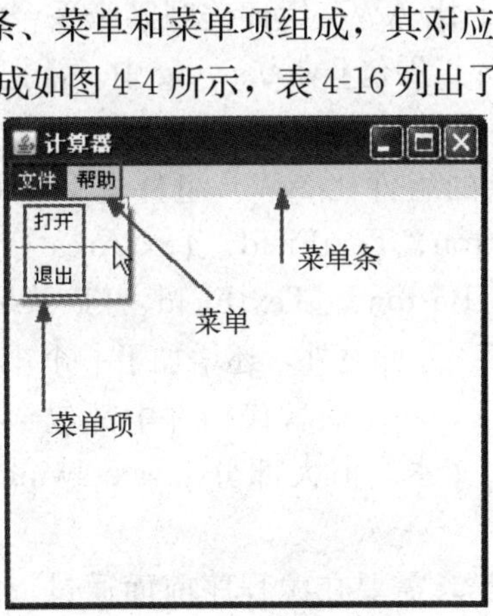

图 4-4　菜单的组成

表 4-16 Menu 类常用的构造方法及其说明

构造方法	说明
MenuBar()	构造菜单条
Menu(String s)	构造菜单
MenuItem(String s)	构造菜单项

具体代码如下：

```
MenuBar myM=new MenuBar();
MenuBar myFile=new Menu("文件");
MenuBarmyHelp=new Menu("帮助");
MenuItem  myOpen=new MenuItem("打开");
MenuItem  myExit=new MenuItem("退出");
MenuItem  myVersion=new MenuItem("版本信息");
……
myFile.add(myOpen);
myFile.addSeparator();
myFile.add(myExit);
myHelp.add(myVersion);
myM.add(myFile);
myM.add(myHelp);
```

添加标签的代码如下：

```
f.setMenuBar(myM);// 把菜单添加到容器 f 中
```

4.1.3 Swing 常用组件

AWT 是 Java 早期的技术，其图形界面组件占用较多的资源，在不同的操作系统平台上外观也不完全一样。随着 Java 发展，Sun 公司提供了 Swing 组件。Swing 组件占用的系统资源较少，视觉上比 AWT 组件美观，跨平台特性更好。所有 Swing 组件都在包名以 javax 开头的 Java 扩展包 javax. swing 中。常把 java. awt 组件称为重量级组件，javax. swing 组件称为轻重量级组件。

javax. swing 包中所提供的组件比 AWT 组件更多，并且大部分 AWT 组件（如 Frame、Applet、Label、Button、TextField、TextArea 等）都由 Swing 组件取代（如 JFrame、JApplet、JLabel、JButton、JTextField、JTextArea 等），大多数构件都是 AWT 构件名前面加一个 “J”。除此之外，还增加了一个丰富的高层构件集合，如表格（JTable）、树（JTree）。而且 Swing 的替代构件中都包含有一些其他特性，如 Swing 的按钮和标签可显示图标和文本。但大部分 javax. swing 组件不一定继承自对应的 java. awt组件。

程序中用到了该包中的类，需要在源程序前面通过 import 语句引入对应的类库。具体代码如下：

```
import java. swing. * ;
```

1. 标签类（JLabel）

标签类用于显示提示文字，可以创建具有文字和图标的标签。表 4-17 列出了 JLabel 类常用的方法。

表 4-17 JLabel 类常用的方法及其说明

常用方法	说 明
setText(String s)	设置标签的文本
setText(Icon icon)	设置标签的图标

其中，javax. swing. Icon 是接口，通常使用实现了该接口的 javax. swing. IconImage 对象作为其参数，创建图标对象。标签上文本的位置可通过 javax. swing. SwingConstants 接口中的很多静态常量指定。例如，对于具有文字和图标的标签 textAreaLabel，可用下面的方法设置文字在标签的中间和底部：

```
textAreaLabel. setHorizontalTextPosition(SwingConstants. CENTER);
textAreaLabel. setVerticalTextPosition(SwingConstants. BOTTOM);
```

2. 文本输入框（JTextField）

文本输入框用来接收用户的输入文本。在文本框输入回车，可以响应动作事件，其处理方式类似于按钮的动作事件处理。表 4-18 列出了 JTextField 类常用的方法。

表 4-18 JTextField 类常用的方法及其说明

常用方法	说 明
getText()	获取文本框的文本内容

3. 密码框输入框（JPasswordField）

密码框输入框用来接收用户输入的密码，它是文本输入框的子类。表 4-19 列出了 JPasswordField 类常用的方法。

表 4-19 JPasswordField 类常用的方法及其说明

常用方法	说 明
getPassword()	获取密码框输入的内容，方法的返回值是字符数组

4. 文本区（JTextArea）

文本区用来创建可输入多行文本的文本区，可以指定文本区的行数和列数。表 4-20 列出了 JTextArea 类常用的方法。

表 4-20 JTextArea 类常用的方法及其说明

常用方法	说 明
setLineWrap(true)	设置文本自动换行

使用 javax. swing. JScrollPane 类可给文本区增加滚动条。滚动条是根据文本的内容自动出现的。

```
f.add(new JScrollPane(textArea))；其中 f 为面板，textArea 是一个文本区
```

5. 按钮类（JButton）

按钮类可以创建按钮。在按钮上可以设置图标，也可以通过 setIcon（Icon icon）方法设置按钮图标。JButton 类常用的方法如表 4-21 所示。

表 4-21　JButton 类常用的方法及其说明

常用方法	说　明
setIcon(Icon icon)	设置按钮图标
setRolloverEnabled(true)	设置按钮在鼠标滑过时图标的变化
setPressedIcon(Icon icon)	设置鼠标压下按钮时按钮上的图标
setMnemonic(int key)	设置按钮的键盘快捷键（不区分大小写键）

小提示

快捷键为“A”键（按下键 ALT 和字母键 A），其参数可通过键盘事件类 java.awt.event.KeyEvent 中的各常量值设定。代码为：

```
myJButton.setMnemonic(KeyEvent.VK_A);
```

6. 单选按钮（JRadioButton）和多选按钮（JCheckBox）

使用单选按钮类（javax.swing .JRadioButton）的构造方法 JRadioButton(String s）可创建单选按钮。每个单选按钮都必须使用 add()方法将其增加到按钮组类（javax.swing.ButtonGroup）对象中，才能成为单选。

使用多选按钮类（javax.swing.JCheckBox）的构造方法 JCheckBox（String s）可创建多选按钮。

单选和多选按钮还可以具有图标、提示文字等，具体使用可参考 Java API 文档。

7. 列表（JList）

使用列表类（javax.swing .JList）的构造方法 JList（String str[]）可创建列表，字符串数组 str 的各元素是列表中的各项。该类的 setVisibleRowCount(int k）可设置列表显示几个选项。如果选项多于设置的显示值，将自动出现滚动条。

方法调用 setSelectionMode(ListSelectionModel.SINGLE _ SELECTION）设置列表为单选（一次只能选中列表中的一个选项）。

用鼠标（或键盘的上、下箭头键移动）选中列表中的一个选项，将引发列表选择事件（javax.swing.event.ListSelectionEvent）；使用方法 addListSelectionListener()对列表选择事件增加监听后，通过列表选择监听接口（javax.swing.event.ListSelectionListener）中的方法来具体处理列表选择事件。

列表类的方法 getSelectedIndex()得到所选择的选项的索引值（第 1 个选项索引值为 0）。

8. 下拉列表（JComboBox）

使用下拉列表类（javax.swing.JComboBox）的构造方法 JComboBox（String str[]）可创建列表，字符串数组 str 的各元素是下拉列表中的各项。通过 addItemListener

()方法对下拉列表增加监听。

与单选可多选按钮类似，用鼠标选中下拉列表中的一个选项将引发选项事件（ItemEvent），通过选项监听接口（ItemListener）中的方法处理下拉列表的选项事件：

public void itemStateChanged(ItemEvent event)

下拉列表类的方法 getSelectedIndex()得到所选择的选项的索引值。

9. 对话框（JDialog）

对话框（javax. swing. JDialog）是 java. awt. Dialog 类的子类，而不是由 javax. swing 包中的 JComponent 类派生而来。它也是一种底层容器，但不能作为独立的窗口容器使用，必须依附于某个父组件（父窗口）。关闭窗口时，也关闭了对话窗口。

可以向对话框窗口添加其他组件，添加方式与 JFrame 和 JApplet 一样。关闭对话框或调用 dispose()方法释放其所占用的系统资源。

对话框类有两种，第一种是模态对话框，在用户处理完该对话框之前，不允许用户和应用程序的其他窗口进行交互；第二种是非模态对话框，在用户处理完该对话框之前，允许用户和应用程序的其他窗口交互。

JDialog 类常用的方法如表 4-22 所示。

表 4-22　JDialog 类常用的方法及其说明

常用方法	说　明
JDialog（Frame owner，String title，boolean modal）	第 1 个参数指定对话框所依附的窗口，第 2 个参数设置对话框的标题，第 3 个参数指定对话框是模态的（true）还是非模态的（false）

使用 Swing 的基本规则是：与 AWT 构件不同，Swing 构件不能直接添加到顶层容器中，它必须添加到一个与 Swing 顶层容器相关联的内容面板上（ContentPane）。

下面用一个案例来演示 Swing 控件使用的方式。

（1）第一步，创建窗口。用 javax. swing 包中的 JFrame 类或其子类创建的一个对象就是一个窗口。

①public JFrame()

创建一个没有窗口名称的窗口。

②public JFrame(String title)

创建一个名字为 title 的窗口。

（2）第二步，设置窗口的一些方法。

①public void setSize(int width，int height)

设置窗口显示的宽为 width，高为 height，单位是像素。

②public void setVisible(boolean b)

设置窗口是否可见。一个窗口默认是不可见的；逻辑值 b 为 true 时，窗口可见。

③public void setTitle(String title)

设置窗口的标题名字为 title。

④public void setIconImage(Image image)

设置窗口的图标为 image。

⑤public void setBounds(int x，int y，int width，int height)

设置窗口在屏幕上的显示位置和宽、高。参数 x 和 y 是窗口左上角在屏幕上点的坐标，参数 width 和 height 是窗口的宽和高。

(3) 第三步，JFrame 是底层框架容器，但不能直接将组件加入到容器中，必须获取窗口内容面板、添加组件或设置内容面板的布局。

①public Container getContentPane()

获取 JFrame 的内容面板（Content Pane）。该方法返回容器类 java. awt. Container 对象，其他组件可添加到该内容面板中。

②public void add(Component comp，Object constraints)

向内容面板中添加组件，第 1 个参数 comp 为要添加的组件，第 2 个参数为所添加的位置。JFrame 默认的布局方式是边框布局（java. awt. BorderLayout），即东、南、西、北、中的布局，用下面的 5 个静态字符串常量指明这 5 个区域：BorderLayout. EAST（东）、BorderLayout. SOUTH（南）、BorderLayout. WEST（西）、BorderLayout. NORTH（北）、BorderLayout. CENTER（中）。

③public void setLayout（LayoutManager manager)

设置内容面板的布局，参数 manager 为各种布局对象，可取 new BorderLayout() 等布局对象。

4.1.4 布局管理

在 Java 语言中，为了使图形用户界面具有良好的平台无关性，提供了布局管理器这个工具来管理组件在容器中的布局，而不直接设置组件的位置和大小的方式。

每个容器都有一类布局管理器，当容器对某个组件进行定位或判断时，就会调用其对应的布局管理器。Java 语言中常见的布局管理器有以下 5 种。

1. FlowLayout 布局

通过 java. awt. FlowLayout 类指定容器的布局为流式布局，即各个组件从左到右、从上到下，依据容器的大小逐行在容器中顺序摆放。该布局是 JPanel 类的默认布局方式，布局样式如图 4-5 所示。

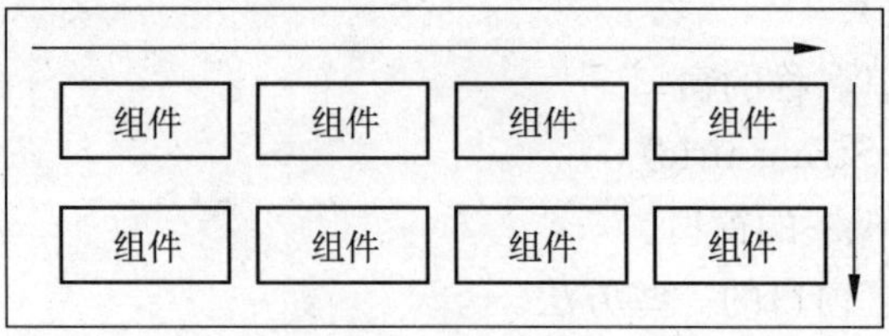

图 4-5 流式布局

(1) 创建 FlowLayout 布局

①public FlowLayout()　//以默认的居中方式放置组件。

②public FlowLayout (int alignment)　// aignment 指定流式布局中各组件的对齐方式，取值为该类的以下三个静态常量：FlowLayout. RIGHT（右对齐）、FlowLayout. CENTER（居中对齐）和 FlowLayout. LEFT（左对齐）。

③public FlowLayout (int alignment，int horizontalgap；int verticalgap)；// 参数 alignment 含义同上；参数 horizontalgap 表示各个组件左、右间隔的距离，单位是像

素；参数 verticalgap 表示各个组件上、下间隔的距离，单位是像素。

（2）设置容器布局

使用容器类的设置布局的方法为：

public void setLayout（LayoutManager mgr）//设置容器中新的布局。例如，setLayout（new FlowLayout(FlowLayout. RIGHT)）设置容器的布局为流式布局，组件的对齐方式为右对齐。

（3）向容器中添加组件

通过 add(JComponent comp）方法，可将组件依次添加到容器中。

2. BorderLayout 布局

BorderLayout 布局方式将组件按东、南、西、北、中 5 种方位放置在容器中，它是 JFrame、JApplet 和 JDialog 类的默认布局方式。BorderLayout 布局的样式如图 4-6 所示。

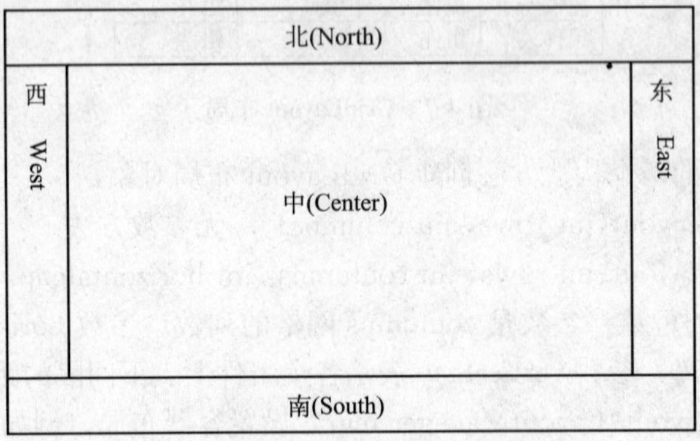

图 4-6　BorderLayout 布局

布局位置通过 BorderLayout 类的以下几个静态字符串常量指定：

```
public static final String EAST="East";
public static final String SOUTH="South";
public static final String WEST="West";
public static final String NORTH="North";
public static finalString CENTER="Center";
```

（1）使用以下构造方法创建 BorderLayout 布局：

①public BorderLayout()//无参数方法

②public BorderLayout(int horizontalgap，int verticalgap)　//参数 horizontalgap 表示各个组件水平间隔的距离，单位是像素；参数 verticalgap 表示各个组件上、下间隔的距离，单位是像素。

（2）使用容器类设置布局的方法为：

public void setLayout(LayoutManager mgr)　// 设置容器中新的布局。例如，setLayout(new BorderLayout())将布局设置为东、南、西、北、中的边框布局。

（3）向容器中添加组件：

通过方法 add(Component comp，Object constraints）将组件 comp 添加到参数

constraints 指定的位置。对于 BorderLayout 布局，参数 constraints 只能是前面说过的表示方位的 5 个静态字符串常量；字符串类 String 是 Object 类的子类，能自动转换。

如果东、南、西、北某个位置上没有放置组件，该区域会被中间区域和相关的某个位置区域自动充满。

3. GridLayout 布局

GridLayout 布局称为网格布局，该布局方式将各个组件放置在 $m\times n$ 的网格中，其中 m 表示网格行数，n 表示网格列数，网格大小相同。图 4-7 显示了一个 4×5 的 GridLayout 布局样式。

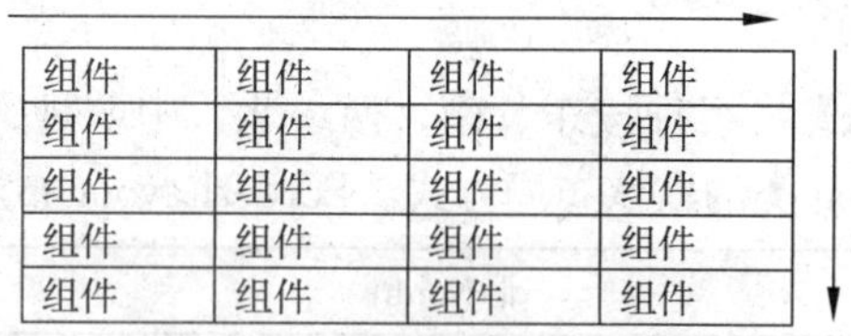

图 4-7　GridLayout 布局

（1）使用下面的两个构造方法创建 GridLayout 布局对象：

①public GridLayout(int rows，int columns) //无参数方法

②public GridLayout(int rows，int coulumns，int horizontalgap，int verticalgap) //参数 rows 是网格的行数，参数是 coulumns 网格的列数。参数 horizontalgap 表示各个组件水平间隔的距离，参数 verticalgap 表示各个组件上、下间隔的距离，单位是像素。

（2）使用 setLayout(LayoutManager mgr) 设置容器布局。例如，setLayout（new GridLayout（3，3））将容器布局设置为 3×3 的网格布局。

（3）向容器中添加组件：通过 add（JComponent comp）方法，将组件依次从左到右、从上到下添加到网格中。

4. CardLayout 布局

CardLayout 布局管理是把容器的所有组件当成一叠卡片。在卡片布局方式中，只有其中一个组件，即一张卡片被显示出来，其余组件是不可见的，如图 4-8 所示。

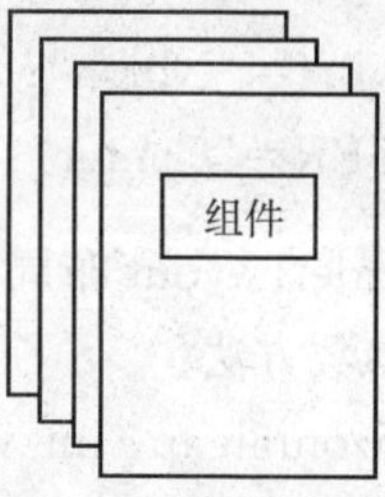

图 4-8　CardLayout 布局

（1）使用下面的两个构造方法创建 CardLayout 布局对象：

①public CardLayout()//无参数方法

②public CardLayout(int horizontalgap，int verticalgap) //参数 horizontalgap 表示卡片各边和容器边框的水平间隔，单位是像素；参数 verticalgap 表示卡片各边和容器边框的上、下间隔，单位是像素。

（2）使用容器类设置布局的方法为：public void setLayout(LayoutManager mgr)，用来设置容器中新的布局。例如，下面的语句创建面板，并设置面板的布局为卡片布局：

```
JPanel centerPanel=new JPanel();
CardLayout card=new CardLayout(10,10);
centerPanel. setLayout(card);
```

（3）使用容器类的以下方法向容器添加组件：

①public void add(Component comp) //该方法添加组件到容器中，先添加的卡片在前面。

②public void add(Component comp，Object constraints)　//添加组件 comp 到容器中，参数 constraints 可以为卡片组件指定名称。例如，使用“centerPanel. add（new JButton（"按钮"),"卡片 6")”语句，把按钮指定为名字为“卡片 6”的卡片。

（4）使用 CardLayout 类中的以下方法显示卡片：

①public void show（Container parent，String name）//显示容器 parent 中名字为“name”的卡片。例如，使用“card. show（centerPanel,"卡片 6");”语句，把面板 centerPanel 中名字为“卡片 6”的卡片显示出来。

②public void first(Container parent）//显示容器中的第一张卡片。

③public void last(Container parent）//显示容器中的最后一张卡片。

④public void next(Container parent）//显示容器中的下一张卡片。

容器中的卡片是有先后顺序的，先添加到容器中的卡片是第一张卡片，依此类推。

5. 自由布局

如果把容器的布局设置为 null 布局（空布局），则通过所有组件都拥有的方法：

```
public void setBounds(int x,int y,int width,int height);
```

可设置组件在容器中的位置和大小。参数 x 和 y 指定组件左上角在容器中的坐标，参数 width 和 height 指定组件的宽和高，单位为像素。

4.2 事件处理

在 Java 程序设计中，事件的处理是非常重要的。如果没有时间处理机制，图形用户界面不能响应用户的任何操作。要能够让图形界面接受用户的操作，必须给各个构架加上事件处理机制。

事件有以下三个重要概念：

（1）事件：用户对组件的一个操作称为一个事件。例如，鼠标单击或键盘的操作。

（2）事件源：发生事件的组件就是事件源。例如不同的组件，像按钮 Button、复选框 Checkbox 等。

（3）事件处理器：负责处理事件的方法。例如接受到按钮单击事件，并对这个事件进行处理。

Java 中的事件处理机制采用事件监听的方法。当用户用鼠标单击了图形用户界面中的一个按钮对象，该按钮就是事件源，必须对事件源进行监听；一旦单击此按钮，Java 运行时的系统生成 ActionEvent 类的一个对象，该对象中描述了单击事件发生时的信息。程序将产生的事件对象交给与之关联的事件处理器，事件处理器就会启动执行相关代码进行处理。

程序中有时间处理时，需要在源程序前面通过 import 语句引入对应的类库。具体代码如下：

```
import java. awt. event. * ;
```

下面用一个代码实例来解释 Java 中的事件处理：

```
package com. zr;
import java. awt. * ;
import java. awt. event. * ;
public class MyEvent {
    Frame f;
    Button myBt;
    MyEvent()
    {
        f=new Frame("事件响应窗口");
        myBt=new Button("按钮");
        myBt. addActionListener(new ButtonProcess());
        /* 对按钮 myBt 进行监听，一旦按钮有事件发生(例如单击按钮)，监听
器获得事件并交给 ButtonProcess 类进行处理。其中，myBt 是事件源，addActionLis-
tener()是事件监听器，ButtonProcess 是处理事件的类。不同的事件名称不一样，采用
的监听方式也不相同。*/
        f. setLayout(new FlowLayout());/*设置 FlowLayout 布局*/
        f. add(myBt);//把按钮添加到窗口中
        f. setSize(300,400);
        f. setVisible(true);
            }
    public static void main(String[] args) {
        new MyEvent();
    }}
//事件处理类
package com. zr;
import java. awt. event. ActionEvent;
import java. awt. event. ActionListener;//事件对应的接口
public class ButtonProcess implements ActionListener {
    public void actionPerformed(ActionEvent e) {
        System. out. println("你点击了按钮");
    }}
```

在上述实例中，单击按钮后，在命令行中就会输出“你点击了按钮”。事件源是按

钮；事件是 ActionEvent 对象，也就是单击按钮；事件处理者就是 ButtonProcess 对象。

当事件发生后，Java 的运行系统会自动调用 ButtonProcess 对象的 actionPerformed (ActionEvent e) 方法进行处理，而且事件 ActionEvent 对象将被作为参数传递给 actionPerformed (ActionEvent e) 方法。该方法读取 ActionEvent 对象的相关信息，得到事件发生时候的情况。

对于不同的事件，Java 采用不同的事件类和相应的接口进行处理。表 4-23 对相应的接口进行了总结。

表 4-23 事件类和相应的接口总结

类 型	对应接口
不同类型的事件	XXXEvent
不同类型的处理类对应的接口	XXXListener
注册不同事件的监听器	addXXXListener (XXXListener)

上述事件处理代码还有另外一种写法，如下所示。

```
package com. zr;
import java. awt. * ;
import java. awt. event. * ;
public class MyEvent implements ActionListener {
    Frame f;
    Button myBt;
    MyEvent()
    {
        f=new Frame("事件响应窗口");
        myBt=new Button("按钮");
        myBt. addActionListener(this);
        /* 对按钮 myBt 进行监听,一旦按钮有事件发生(例如单击按钮),监听
器获得事件并交给本类的对象来处理。因此,下面在 MyEvent 类中添加了对事件的
处理方法。 */
        f. setLayout(new FlowLayout());/*设置 FlowLayout 布局 */
        f. add(myBt);//把按钮添加到窗口中
        f. setSize(300,400);
        f. setVisible(true);
        }
    public static void main(String[] args) {
        new MyEvent();
    }
 public void actionPerformed(ActionEvent e) {
            System. out. println("你点击了按钮");
    }}
```

4.2.1 事件类

java. util. EventObject 类是所有事件对象的基础父类，它是 java. lang. Object 的子类，如图 4-9 所示，所有事件都是由它派生出来的。与 AWT 有关的所有事件都由java. awt. AWTEvent 类派生，如图 4-10 所示，它是 EventObject 类的子类。

这些 AWT 事件分为两大类：低级事件和高级事件。低级事件是指基于构件和容器的事件，例如鼠标的点击、窗口的关闭等。高级事件是基于语义的事件，它可以不和特定的动作关联，而是依赖于触发此事件的类，例如按下某个按钮，选中项目列表中的某一项。

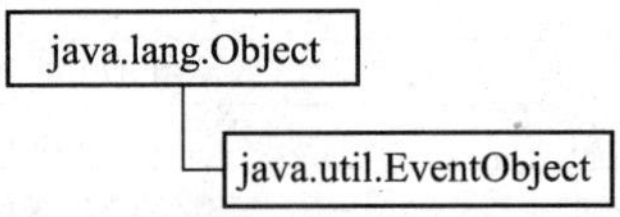

图 4-9 java. util. EventObject 类与 java. lang. Object 类

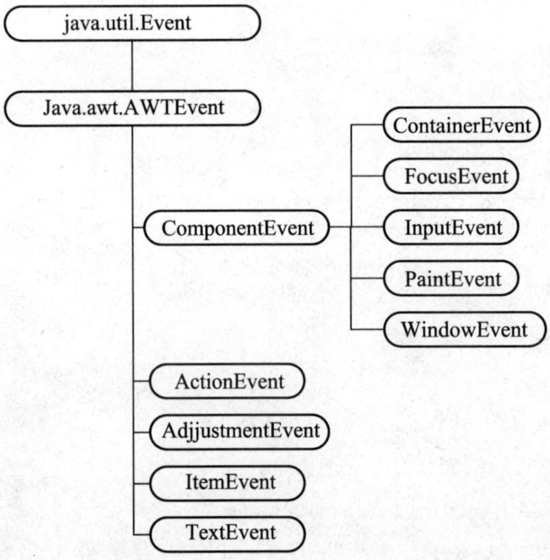

图 4-10 java. awt. AWTEvent 类以及子类

1. 高级事件

(1) ActionEvent（动作事件）：对应的事件为按钮按下，文本框中按下回车键。

(2) AdjjustmentEvent（调节事件）：对应的事件为滚动条移动滑块调节数值。

(3) ItemEvent（项目事件）：对应的事件为选择项目。

(4) TextEvent（文本事件）：对应的事件为文本对象改变。

2. 低级事件

(1) ComponentEvent（构件事件）：对应的事件为构件尺寸的变化、移动。

(2) ContainerEvent（容器事件）：对应的事件为构件增加、移动。

(3) FocusEvent（焦点事件）：对应的事件为焦点获得和丢失。

(4) KeyEvent（键盘事件）：对应的事件为键盘按键的按下、释放。

(5) MouseEvent（鼠标事件）：对应的事件为鼠标的单击、移动等。

(6) WindowEvent（窗口事件）：对应的事件为关闭窗口、窗口最小化等。

4.2.2　事件监听器和事件适配器

每类事件都有对应的事件监听器。监听器是一种接口，要根据程序的实际情况来定义方法。在上面小节的程序中，窗口不能正常关闭，因为没有对窗口事件进行处理。下面通过实例来实现窗口的关闭。

窗口事件相对应的接口是：

```
publicinterface  WindowListener extends EventListener{
public void windowOpened(WindowEvent e); //打开窗口时调用
public void windowClosing(WindowEvent e); //退出窗口时调用
public void windowClosed(WindowEvent e); //窗口关闭时调用
public void windowIconified(WindowEvent e);//窗口图标化时调用
public void windowDecionified(WindowEvent e);//窗口非图标化时调用
public void windowActivated(WindowEvent e);//窗口激活时调用
public void windowDeactivated(WindowEvent e);//窗口非激活时调用  }
```

如果要实现窗口的关闭，必须让处理它的类实现上面的接口，并在程序中重新写每一个方法，并在 public void windowClosing（WindowEvent e）方法中添加代码 System. exit（1）。

下面是一个增加了监听窗口对象的例子。

```
//事件处理类
import java.awt.event.*;
//事件对应的接口
public class ButtonProcess implements ActionListener,WindowListener {

    public void actionPerformed(ActionEvent e) {

        System.out.println("你点击了按钮");
    }
public void windowOpened(WindowEvent e){}; //打开窗口时调用
public void windowClosing(WindowEvent e){
System.exit(1)//系统正常关闭
}; //退出窗口时调用
public void windowClosed(WindowEvent e){}; //窗口关闭时调用
public void windowIconified(WindowEvent e){};//窗口图标化时调用
public void windowDecionified(WindowEvent e){};//窗口非图标化时调用
public void windowActivated(WindowEvent e){};//窗口激活时调用
public void windowDeactivated(WindowEvent e){};//窗口非激活时调用
}
```

通过上面的实例可以实现窗口的关闭功能。但其中有很多方面没有使用，Java 语言为一些 Listener 接口提供了适配器（Adapter）类。可以通过继承事件所对应的Adapter类，重写需要的方法，无关的方法不用实现。

事件适配器提供了一种简单的实现监听器的手段，用以缩短程序代码。

小提示

Java 是单一继承机制，当需要多种监听器或此类已经有父类时，就无法采用事件适配器了。

Java 中定义的事件适配器类包括：

（1）ComponentAdapter：构件适配器；

（2）ContainerAdapter：容器适配器；

（3）FocusAdapter：焦点适配器；

（4）KeyAdapter：键盘适配器；

（5）MouseAdapter：鼠标适配器；

（6）MouseMotionAdapter：鼠标运动适配器；

（7）WindowAdapter：窗口适配器。

当使用窗口适配器编程时，上面处理事件的代码可以写成：

```
public class ButtonProcess exntends WindowAdapter implements ActionListener {
    public void actionPerformed(ActionEvent e) {
        System. out. println("你点击了按钮");
    }
public void windowClosing(WindowEvent e){
System. exit(1)//系统正常关闭
    }; //退出窗口时调用
}
```

4.2.3 常见的事件及其相应的接口

Java 提供了对多种事件的监听功能，但一般程序中只使用其中的几种。表 4-24 中列出了常见的事件及其相应的接口。

表 4-24 常见的事件及其相应的接口

事件类别和说明	接口名	常用方法
ActionEvent(激活组件)	ActionListener	actionPerformed(ActionEvent)
ItemEvent(选择某些项目)	ItemListener	itemStateChanged(ItemEvent)
MouseEvent(鼠标移动)	MouseMotionListener	mouseDragged(MouseEvent) mouseMoved(MouseEvent)

续表

事件类别和说明	接口名	常用方法
MouseEvent(鼠标点击)	MouseListener	mousePressed(MouseEvent) mouseReleased(MouseEvent) mouseEntered(MouseEvent) mouseExited(MouseEvent) mouseClicked(MouseEvent)
KeyEvent(键盘输入)	KeyListene	keyPressed(KeyEvent) keyReleased(KeyEvent) keyTyped(KeyEvent)
FocusEvent(组件收到或失去焦点)	FocusListener	focusGained(FocusEvent) focusLost(FocusEvent)
AdjustmentEvent(移动了滚动条等组件)	AdjustmentListener	adjustmentValueChanged(AdjustmentEvent)
ComponentEvent(对象移动、缩放、显示、隐藏等)	ComponentListener	componentMoved(ComponentEvent) componentHidden(ComponentEvent) componentResized(ComponentEvent) componentShown(ComponentEvent)
WindowEvent(窗口收到窗口级事件)	WindowListener	windowClosing(WindowEvent) windowOpened(WindowEvent) windowIconified(WindowEvent) windowDeiconified(WindowEvent) windowClosed(WindowEvent) windowActivated(WindowEvent) windowDeactivated(WindowEvent)
ContainerEvent(容器中增加、删除了组件)	ContainerListener	componentAdded(ContainerEvent) componentRemoved(ContainerEvent)
TextEvent(文本字段或文本区发生改变)	TextListener	textValueChanged(TextEvent)

4.3 初阶案例

本案例以前两节所讲内容为基础，实现一个简易计算器，主要功能是输入数字，并进行加（+）、减（-）、乘（*）、除（/）等简单算术计算。

4.3.1 案例简介

本案例中使用一些常用组件并进行了相应布局设计，然后通过处理事件监听完成对按钮的响应。使用鼠标单击数字按钮，上方文本区显示出对应的数字内容。

单击“C”按钮可以清空显示并回复“0”显示。单击对应的运算符号，如果是第一次计算，会等待用户选择第二个数值；如果已经计算过，则把前面的结果显示出来后，把结果作为第一个数值再进行计算。单击等号按钮，对前面选择的数值和运算符进行运算，得出结果。可以把结果继续用于计算，也可以再单击其他数值进行下一次运算。

4.3.2 案例程序设计

在 Eclipse 中建立一个项目，名称为 Calculator；在项目中建立一个类文件，名称与项目名相同；然后在类文件中输入相应的程序代码。

```
......
public class Calculator extends WindowAdapter implements ActionListener {
        private JFrame cf;//计算机窗口
        private JPanel pbutton;
        private JTextField tfAnswer;//计算器的显示文本框
        private JButton b0,b1,b2,b3,b4,b5,b6,b7,b8,b9;//数字 0~9 的按钮
        private JButton bPoint,bEqual,bPlus,bMinus,bClear,bMulti,bDivision;
                //定义其他的按钮、小数点、加、减、乘、除
        private String OperatorCurrent,OperatorPre;//表示当前运算符号和上一
                                                    //次运算符号
        private String ForeScreen,BackScreen;//当前显示字符,上一次显示字符
        private boolean isFloat = false;//判断是否为浮点数
        private JLabel lb1,lb2;//用于窗口左、右两边的位置显示
```

通过使用多种控件，设计计算器窗口。

```
         Calculator() {
              cf=new JFrame("计算器");
              Container contentPane=cf.getContentPane();
              contentPane.setLayout(new BorderLayout(5,5));
              cf.setLayout(new BorderLayout(5,5));

              pbutton=new JPanel();
              pbutton.setLayout(new GridLayout(4,4,5,3));
......

              lb1=new JLabel(" ");
              lb2=new JLabel(" ");
              tfAnswer=new JTextField("0");
              tfAnswer.setPreferredSize(new Dimension (180,30));
              tfAnswer.setHorizontalAlignment(JTextField.RIGHT);
              tfAnswer.setEnabled(false);
              Font f=new Font("Arial",Font.BOLD,14);
              tfAnswer.setFont(f);

              tfAnswer.setForeground(Color.BLACK);
......
              b0=new JButton(" 0 ");
```

```
......
        b9=new JButton(" 9 ");

        b0.addActionListener(this);
        b1.addActionListener(this);
......
        b9.addActionListener(this);
......
        OperatorCurrent = new String("");
        OperatorPre = new String("");
        ForeScreen = new String("");
        BackScreen = new String("");

        bClear = new JButton(" C ");
        bDivision = new JButton(" / ");
        bMulti = new JButton(" * ");
        bMinus = new JButton(" - ");
        bPlus = new JButton(" + ");
        bPoint = new JButton(" . ");
        bEqual = new JButton(" = ");

        bClear.addActionListener(this);
......
        bPoint.addActionListener(this);
        bEqual.addActionListener(this);

        pbutton.add(b7);
......
        cf.add(tfAnswer,"North");
        cf.add(pbutton,"Center");
        cf.add(bEqual,"South");
        cf.add(lb1,"East");
        cf.add(lb2,"West");

        cf.addWindowListener(this);
        cf.setSize(240,300);

        cf.setVisible(true);

    }
```

main()主方法中实现了计算器类。

```
public static void main(String args[])
{
        Calculator c1=new Calculator();
}
```

下面的内容是整个计算器的核心，主要完成对按钮的响应。通过操作不同的按钮，完成各种计算。

```
    public void  actionPerformed(ActionEvent e)
    {
        String s = new String("");
        if(e. getSource() instanceof JButton)
    {
      //如果点击的是数字按钮,或者是小数点按钮时
      if((e. getSource()==b0)||(e. getSource()==b1)||(e. getSource()==b2)||
        (e. getSource()==b3)||(e. getSource()==b4)||(e. getSource()==b5)||
        (e. getSource()==b6)||(e. getSource()==b7)||(e. getSource()==b8)||
        (e. getSource()==b9)|(e. getSource()==bPoint))
      {
        //如果点击的是数字按钮时
        if(e. getSource()! =bPoint)
        {
          s=e. getActionCommand(). trim();
          doForeScreen(s);//在显示文本框中显示相应的数字
        }
        //如果点击的是小数点按钮,并且不是小数时
        if((e. getSource()==bPoint)&&(! isFloat))
        {
          isFloat=true;
          s=e. getActionCommand(). trim();
          //如果显示文本框为空时
          if(ForeScreen. equals(""))
          {
            ForeScreen+="0. ";//添加"0"
          }
          //否则,显示小数点
```

```
            else
            {

                doForeScreen(s);
            }
        }
    }

    //点击"清空"按钮
    if(e.getSource()==bClear)
    {
        doClear();//清空
    }

    if((e.getSource()==bMulti)|(e.getSource()==bDivision)|
        (e.getSource()==bPlus)|(e.getSource()==bMinus))
    {
        if(ForeScreen!="")
        {
            OperatorCurrent=e.getActionCommand().trim();//保存当前运算符
            doOperator();//计算结果

        }
        else
        {
            OperatorPre=e.getActionCommand().trim();
        }
    }

    if(e.getSource()==bEqual)
    {
        doOperator();
    }
  }
}

//计算结果函数
public void doOperator()
```

```
{
  double dFore,dBack;//保存当前数值和前一次的数值
  Double d;

  if(OperatorPre.equals(""))
  {
    BackScreen=ForeScreen;
    ForeScreen="";
    tfAnswer.setText(BackScreen);

  }
  else
  {
    dFore=(new Double(ForeScreen)).doubleValue();
    dBack=(new Double(BackScreen)).doubleValue();
    ForeScreen="";
    BackScreen=tfAnswer.getText();

    if(OperatorPre.equals("+"))
    {
      d=new Double((dBack + dFore));
      tfAnswer.setText(d.toString());
      BackScreen=d.toString();

    }
……
  }
  OperatorPre=OperatorCurrent;

}
  public void doForeScreen(String s)
{
  ForeScreen += s;
  tfAnswer.setText(ForeScreen);

}

//后屏处理函数
```

```
public void doBackScreen(String s)
{
  BackScreen=ForeScreen;//将当前的数值保存在 BackScreen 中
  ForeScreen="";//清空
  tfAnswer.setText(ForeScreen);//显示数值

}

public void doClear()
{
  OperatorCurrent="";
  OperatorPre="";
  ForeScreen="0";
  BackScreen="";
  isFloat=false;
  tfAnswer.setText(ForeScreen);

}
public void windowClosing(WindowEvent e)
{
System.exit(0);
}

}
```

4.4 异常处理

4.4.1 异常的概述

Java 语言把程序运算中可能遇到的错误分为两类，一类是非致命性的，通过某种修正后，程序还能继续执行，比如对负数开平方根、空指针访问、试图读取不存在的文件、网络连接中断等；另一类是致命性的，此时程序遇到了非常严重的不正常状态，不能简单地恢复执行，比如程序中的内容耗尽等。

在程序编译或运行中所发生的可预料或不可预料的错误事件会引起程序中断，影响程序正常运行，这在 Java 语言中称为异常（Exception）。Java 语言专门用一个类来代表一种特定的异常情况。在系统中传递的异常情况就是该类的对象，所有代表异常的类组成的体系就是 Java 语言中的异常类体系，这也是 Java 语言特点之一。

Java API 中专门设计了 java.lang.Throwable 类，只有该类子类的对象才可以在系统的异常传递体系中运行。图 4-11 显示了这个类及其子类的结构关系。

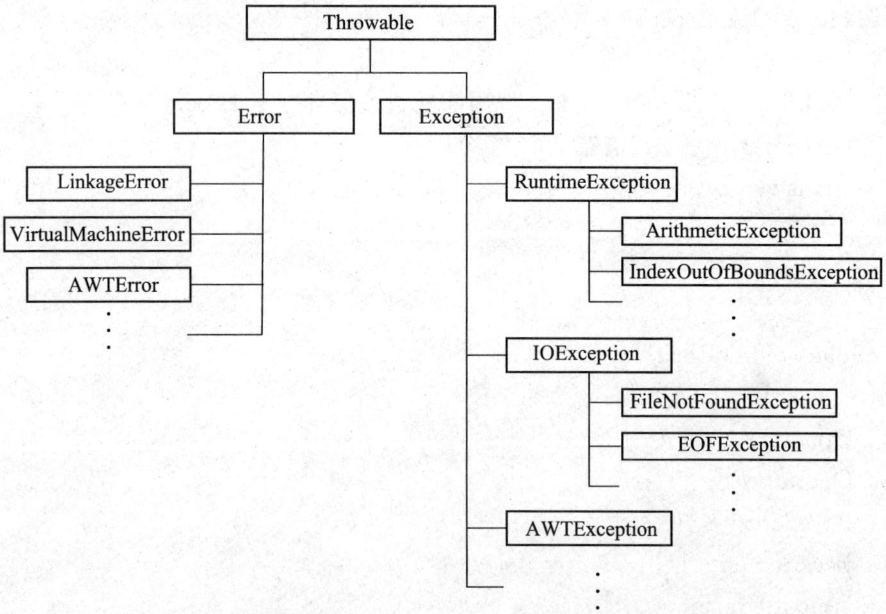

图 4-11　java. lang. Throwable 类及其子类

1. Error 类

该类代表错误，指程序无法恢复的异常情况。对于所有错误类型及其子类，都不要求程序处理。常见的 Error 类例如内存溢出 StackOverflowError 等。

2. Exception 类

该类代表异常，指程序有可能恢复的异常情况。该类是整个 Java 语言异常类体系中的父类。使用该类，可以代表所有异常的情况。

在 Java API 中声明了几百个 Exception 的子类分别代表各种各样的常见异常情况，这些类根据需要代表的情况位于不同的包中，其类名均以 Exception 作为后缀。如果遇到异常情况，Java API 中没有对应的异常类来代表，也可以声明新的异常类来代表特定的情况。

根据是否是程序自身导致的，将所有的异常类分为以下两种：

（1）RuntimeException 及其所有子类

该类异常属于程序运行时异常，也就是由于程序自身的问题导致的异常，例如数组下标越界异常 ArrayIndexOutOfBoundsException 等。

该类异常在语法上不强制程序员必须处理。即使不处理，这样的异常也不会出现语法错误，即程序调试过程中不会出现错误。

（2）其他 Exception 子类

该类异常属于程序外部问题引起的，也就是由于程序运行时某些外部问题导致的异常，例如文件不存在异常 FileNotFoundException 等。该类异常在语法上强制程序员必须处理。如果不处理，会出现语法错误。

由于异常类的数量非常多，在实际使用时需要经常查阅 Java 的 API 文档。表 4-25 列举了一些常见的异常类。

表 4-25　常见异常类

异　常　类	说　　明
java.lang 类 ArithmeticException java.lang.Object └ java.lang.Throwable 　└ java.lang.Exception 　　└ java.lang.RuntimeException 　　　└ java.lang.ArithmeticException	当出现异常的运算条件时，抛出此异常。例如，一个整数“除以零”时，抛出此类的一个实例
java.lang 类 ArrayIndexOutOfBoundsException java.lang.Object └ java.lang.Throwable 　└ java.lang.Exception 　　└ java.lang.RuntimeException 　　　└ java.lang.IndexOutOfBoundsException 　　　　└ java.lang.ArrayIndexOutOfBoundsException	用非法索引访问数组时抛出的异常。如果索引为负或大于等于数组大小，则该索引为非法索引
java.lang 类 IllegalArgumentException java.lang.Object └ java.lang.Throwable 　└ java.lang.Exception 　　└ java.lang.RutimeException 　　　└ java.lang.IllegalArgumentException	抛出的异常表明向方法传递了一个不合法或不正确的参数

4.4.2　异常的捕获与处理

在程序中添加异常的处理机制，在异常产生时将危害减到最小。异常主要处理的是 Exception 类；Error 是程序本身的问题，不能处理。

常用关键字是 try、catch 和 finally。其语法结构是：

```
try{
    <可能产生异常的程序代码段>
}catch(<要捕捉的异常类><变量名称>){
    <处理这个异常的程序代码段>}
finally{
    <必须运行的代码段>
}
```

当程序中的代码可能有异常产生时，使用 try 语句把这段代码括起来。一旦运行中有异常产生，用 catch 语句把它捕捉下来，接着在 catch 的代码段中编写处理的程序代码，catch（〈要捕捉的异常类〉〈变量名称〉）语句可以决定要捕捉的异常的类型。

当程序没有异常产生时，catch 语句后面的代码段是不执行的，但有时无论有没有产生异常，都必须运行一些程序代码，那么使用 finally 语句。finally 语句不是每个程序都需要的，只有必须运行的程序代码存在时，才把这样的代码写在此区块中。

4.4.3 抛出异常

抛出异常是 Java 中处理异常的第二种方式。如果一个方法（中的语句执行时）可能生成某种异常，但是不能确定如何处理这种异常，此方法应声明抛弃异常，表明该方法将不处理这些异常，而由该方法的调用者负责处理。

抛出异常使用 throws 关键字来进行处理。throws 是在方法名后标出该方法所产生何种异常的集合（通常比较多，可以用逗号隔开），即此方法如果内部产生未经处理的异常，就会向外抛出。

声明抛弃举例如下：

```
public void readFile(String file)   throws IOException {
    ……
    FileInputStream fis=new FileInputStream(file);//读文件的操作可能产生
                                                  //IOException 类型的异常
    ……
}
```

throw 关键字也用于抛出异常，与 throws 关键字的区别表现在：throws 关键字是在方法的声明上抛出异常时使用，而 throw 用在方法内部某个可能产生异常的地方。throw 关键字后面要产生一个要抛出异常类的对象。

```
public void readFile(String file) {
    if(fis. exists()) throw new IOException();
    ……
        }
```

4.4.4 用户自定义异常

如果 Java API 中已经定义好的异常类不能完全满足程序的需求，用户还可以自己定义异常类。

用户自定义的异常类时，只要去继承某个原有的 Exception 类，然后加上两个构造函数，一个需要传递一个字符串参数，另外一个不需要参数，再在构造函数中往上调用父类的构造函数，把参数往上传即可。

下面给出一个简单的实例：

```
public class ScoreWrongException extends RuntimeException{
    public ScoreWrongException() {
        super("成绩分数必须是 0～100 之间的数字");
    }
    public ScoreWrongException(String s) {
        super(s);
    }}
```

4.5 高阶案例

初阶案例没有进行错误的处理，在高阶案例中使用异常处理来完成一些容错的功能。

4.5.1 案例简介

由于种种原因，当使用者运行程序时，会产生各种错误的操作，比如除 0 错误，因此在高阶案例中引入了 4.4 节介绍的异常处理，对可能出现的错误进行容错处理。

4.5.2 编写步骤

由于前面的代码基本一样，因此这里直接从事件处理开始，在其中增加异常处理。

```
......
public void  actionPerformed(ActionEvent e)
{
......
    if((e.getSource()==bMulti)|(e.getSource()== bDivision)|
       (e.getSource() == bPlus)|(e.getSource() == bMinus))
    {
      if(ForeScreen != "")
      {
        OperatorCurrent=e.getActionCommand().trim();//保存当前运算符
        try{
              doOperator();//计算结果
        }catch(Dnum we){
          we.showTip();
        }
......
      }
      else
      {
        OperatorPre=e.getActionCommand().trim();
      }
    }

    if(e.getSource() == bEqual)
    {
       try{
              doOperator();//计算结果
        }catch(Dnum we){
```

```
                we.showTip();
            }
        }
    }
}

//计算结果函数
public void doOperator()throws Dnum
{
    double dFore,dBack;//保存当前数值和前一次的数值
    Double d;

    if(OperatorPre.equals(""))
    {
        BackScreen=ForeScreen;
        ForeScreen="";
        tfAnswer.setText(BackScreen);

    }
    else
    {
        dFore=(new Double(ForeScreen)).doubleValue();
        dBack=(new Double(BackScreen)).doubleValue();
        ForeScreen="";
        BackScreen=tfAnswer.getText();

        if(OperatorPre.equals("+"))
        {
            d=new Double((dBack + dFore));
            tfAnswer.setText(d.toString());
            BackScreen=d.toString();

        }
        if(OperatorPre.equals("-"))
        {
            d=new Double((dBack - dFore));
            tfAnswer.setText(d.toString());
            BackScreen=d.toString();
```

```

    }
    if(OperatorPre. equals(" * "))
    {
      d=new Double((dBack * dFore));
      tfAnswer. setText(d. toString());
      BackScreen=d. toString();

    }
     if(OperatorPre. equals("/"))
    {
      double pd=0;
      if(dFore==pd){
            Dnum we=new Dnum();
            we. setIsdFore(dFore,tfAnswer);

            throw we;
      }
      else{
......
            d=new Double((dBack / dFore));
            tfAnswer. setText(d. toString());
            BackScreen=d. toString();
      }
    }
  }
  OperatorPre=OperatorCurrent;

}
  public void doForeScreen(String s)
{
  ForeScreen += s;
  tfAnswer. setText(ForeScreen);

}

......
//自定义异常,用来处理分母为 0 时的情况
```

```
class Dnum extends Exception{
    private double isdFore ;
    private JTextField istfAnswer;
    double d1=0;

    public Dnum(){
        super();
    }

    public double getIsdFore(){
        return this. isdFore;
    }

    public void setIsdFore (double  b,JTextField j){//接收抛出异常传递过来的值
        this. isdFore=b;
        this. istfAnswer=j;
    }

    public void showTip(){
        if(this. isdFore==d1){

        istfAnswer. setText("分母不能为 0");
        }
    }
}
```

本章实训

1. 实训目的

(1) 了解 Java 图形用户界面程序设计方法，掌握 AWT 和 Swing 控件的使用方法，能够利用布局管理器创建出所需的图形界面。

(2) 理解 Java 中的时间处理机制，掌握事件处理的基本方法，能对常用事件进行处理。

(3) 了解 Java 中异常的概念，掌握异常处理方法。

2. 实训内容

使用图形用户界面编程的方式，编写一个具有文本输入功能的界面。

3. 实训步骤

(1) 在 Eclipse 中新建项目、包和添加类文件。

(2) 在类文件中编写程序代码来实现。

本章小结

通过本章的学习，读者可以了解并掌握有关Java图形界面设计、事件处理和异常处理的基本方法。本章以基础实例为引导，首先介绍了Java图形用户界面的基本组成，重点讲解了AWT和Swing中的各种容器和控件的使用方法及其布局方式。

当能够创建出图形界面后，讲解了Java中的事件处理机制，以及依据事件处理机制对图形界面的构建添加事件处理的方法。最后介绍了Java中异常处理的基本知识，着重讲解了异常的处理方式和处理过程。本章结合前面所讲内容，在基础实例的基础上进行扩展，完成了一个具有异常处理的图形界面案例。

实例结合了用户界面设计、异常处理等方面的知识和技巧，使读者可以开发一个具有图形用户界面的Java程序，并具备事件处理方式，让读者对Java的基本编程方法和设计思想有进一步了解。

课外阅读

SWT (Standard Widget Toolkit)

Standard Widget Toolkit是一个开源的GUI编程框架，与AWT/Swing有相似的用处。著名的开源IDE-eclipse就是用SWT开发的。

在SWT之前，Sun公司提供了一个跨平台GUI开发工具包AWT (Abstract Windowing Toolkit)。虽然AWT框架也使用的是原生窗口部件 (native widgets)，但是它一直未能突破LCD问题。LCD问题导致了一些主要平台特征的遗失。

为解决这个问题，Sun公司又创建了一个新的框架。这个框架不再使用原生窗口部件，而是使用仿真窗口部件 (emulated widgets)。这个方法虽然解决了LCD问题，并且提供了丰富的窗口部件集，但是它带来了新的问题。例如，Swing应用程序的界面外观不再和原生应用程序的外观相似。

虽然在JVM (Jave虚拟机) 中这些Swing应用程序已经得到最大程度的性能改善，但是它们还是存在着其原生对应物所不具有的性能问题。并且，Swing应用程序消耗太多的内存，不适合用于一些小设备，如PDA和移动电话等。

IBM公司进行了尝试，以彻底解决AWT和Swing框架带来的上述问题。最终，IBM公司创建了一个新的GUI库，这就是SWT。SWT框架通过JNI来访问原生窗口部件。如果在宿主 (host) 平台上无法找到一个窗口部件，SWT会自动地模拟它。

为了方便开发SWT程序，在SWT基础上又创建了一个更易用、功能强大的图形包JFace。然而，JFace不能完全覆盖SWT的所有功能，所以编程时SWT、JFace都会要用到，但是一般来说，能用JFace的组件，就最好不要用SWT的。

SWT本身仅仅是Eclipse组织为了开发Eclipse IDE环境所编写的一组底层图形界面API。或许是无心插柳，或是有意为之，至今为止，SWT无论是在性能和外观上，都超越Sun公司提供的AWT和Swing。目前SWT已经十分稳定。

这里指的稳定，应该包含两层意思：

一是指性能上的稳定，其中的关键是源于 SWT 的设计理念。SWT 最大化了操作系统的图形构件 API，也就是说，只要操作系统提供了相应图形的构件，那么 SWT 只是简单应用 JNI 技术调用它们，只有那些操作系统中不提供的构件，SWT 才自己去做一个模拟的实现。可以看出，SWT 性能上的稳定大多数时候取决于相应操作系统图形构件的稳定性。

另一个稳定是指 SWT API 包中的类、方法的名称和结构已经少有改变，程序员不用担心由于 Eclipse 组织开发进度很快（Eclipse IDE 每天都会有一个 Nightly 版本发布），而导致自己的程序代码变化过大。从一个版本的 SWT 更新至另一版本，通常只需要简单地将 SWT 包换掉就可以了。

一个 SWT 应用程序的基本组成部分为显示界面（Display）、命令界面（Shell，使命令进入并使运行初始化）和窗口部件（Widgets）。Display 负责管理事件循环和控制 UI 线程及其他线程之间的通信。Shell 是应用程序中被操作系统窗口管理器管理的窗口。每个 SWT 应用程序至少需要一个 Display 和大于等于 1 个的 Shell 实例。

资料来源：百度百科

课后作业

1. 修改扩展实例，用 Applet 的方式，在网页中实现一个计算器的界面。
2. 应用图形用户界面的知识，动手编写一个记事本或日记本的小程序。

第 5 章　文本编辑器

本章引言

本章介绍 Java 文件操作的基础知识，包括输入/输出流、文件的操作，以及如何建立菜单和设置菜单功能，建立对话框等功能；然后综合运用上述内容给出一个文本编辑器的实例。本章根据使用技术的不同，给出了两个案例。

在初阶案例中，使用 Java 文件操作的基础知识，设计并开发出一个简单的文本编辑器，具有新建、改变颜色和字体、关闭、关于等菜单功能和对话框功能，运行效果如图 5-1～图 5-3 所示。

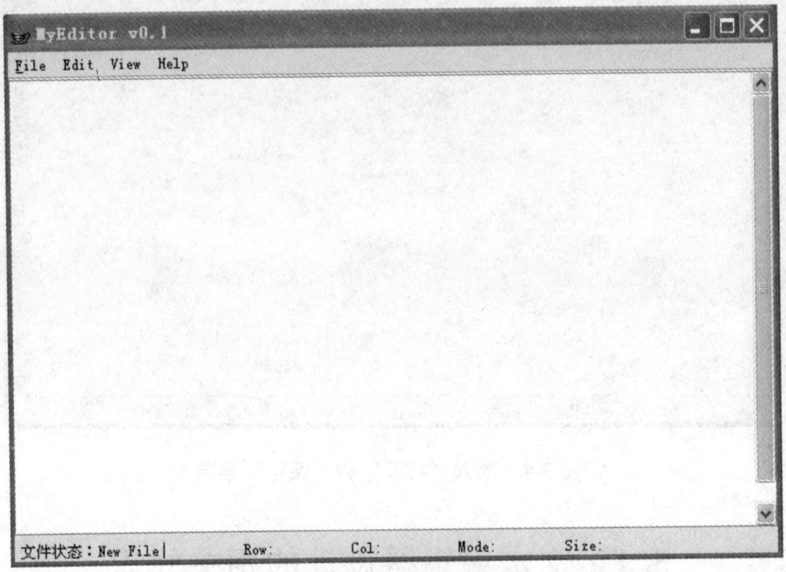

图 5-1　运行主界面

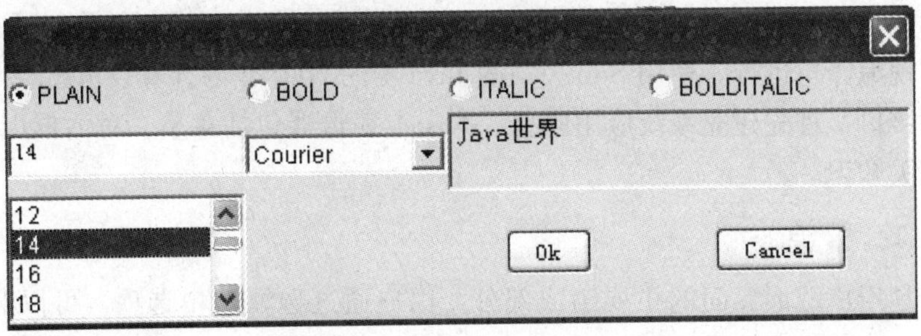

图 5-2　选择字体对话框

图 5-3 选择颜色对话框

在高阶案例中，实现了打开和保存的功能，如图 5-4 所示。

为了更好地学习和理解本章所讲解的内容，读者在学习之前，最好能够运行两个案例，了解其运行效果，并简单浏览其源代码。

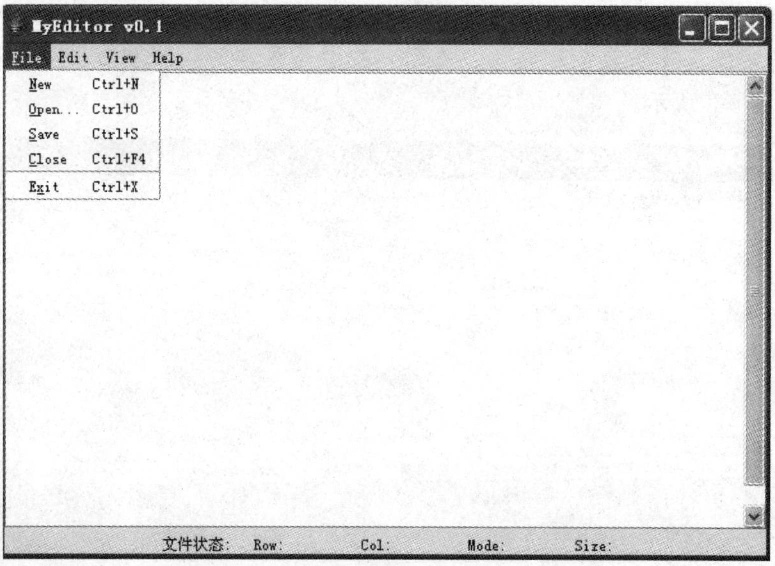

图 5-4 加入“打开”和“保存”菜单

5.1 文本编辑器设计的相关知识

文本编辑器的开发主要包括界面窗口的菜单栏和工具栏以及树结构，还有链接Java虚拟机实现编译与运行。使用 Sun 公司的 Java 中的 GUI 作为开发技术，利用其提供的各种类与接口，首先建立系统应用原型。本文本编辑器包括菜单、对话框以及输入/输出流的相关知识。

5.1.1 菜单

菜单是用户图形界面的主要组成部分，用户通过选取菜单选项，可以非常方便地执行程序中的操作。菜单（Menu）放在菜单条（MenuBar）里，菜单项（MenuItem）放在菜单里。AWT 和 Swing 都提供菜单组件。

Swing 中的菜单和菜单项都是按钮，从 AbstractButton 中派生出来，所以都继承了它的功能，可以包含文本、图标、提示符等。Swing 的菜单是 AWT 菜单组件的替代者，但其功能十分相似。

建立菜单的步骤如下所述：

1. 菜单条（JMenuBar）

菜单条是由 JMenuBar 类创建的。JFrame 类提供一个 setJMenuBar(JMenuBar bar)，将菜单添加到 JFrame 窗口顶端。例如，

```
JMenuBar mb = new JMenuBar();
this.setJMenuBar(mb);
```

2. 菜单（JMenu）

菜单是由 JMenu 类创建的。此类里有下列几个方法，如表 5-1 所示。

表 5-1　菜单类中的常用方法

方　法	说　明
JMenuItem add(Action a)	创建连接到指定 Action 对象的新菜单项，并将其追加到此菜单的末尾
Component add(Component c)	将组件追加到此菜单的末尾
void addSeparator()	将新分隔符追加到菜单的末尾
void addMenuListener(MenuListener l)	添加菜单事件的侦听器
JMenuItem add(JMenuItem menuItem)	将某个菜单项追加到此菜单的末尾
JMenuItem insert(JMenuItem mi, int pos)	在给定位置插入指定的 JMenuitem
void insertSeparator(int index)	在指定的位置插入分隔符
void remove(Component c)	从此菜单移除组件 c
void setMnemonic(int mnemonic)	设置按钮的助记符

例如，

```
//初始化 File 菜单
JMenu menuFile = new JMenu("File", true);
menuFile.setMnemonic('F');
```

3. 菜单项（MenuItem）

菜单项由 JMenuItem 类创建，菜单项放在菜单里。常用的方法如表 5-2 所示。

表 5-2　菜单项的常用方法

方　法	说　明
void setEnabled(boolean b)	启用或禁用菜单项
void addMenuKeyListener(MenuKeyListener l)	将 MenuKeyListener 添加到菜单项
void setAccelerator(KeyStroke keyStroke)	设置组合键，它能直接调用菜单的操作侦听器，而不必显示菜单的层次结构

例如，

```
// 初始化 new 菜单项
menuFileNew = new JMenuItem("New", 'N');
menuFileNew.setAccelerator(KeyStroke.getKeyStroke(KeyEvent.VK_N, InputEvent.CTRL_MASK));
menuFileNew.addActionListener(this);
// 初始化 close 菜单项
menuFileClose = new JMenuItem("Close", 'C');
menuFileClose.setAccelerator(KeyStroke.getKeyStroke(KeyEvent.VK_F4, InputEvent.CTRL_MASK));
menuFileClose.addActionListener(this);
```

5.1.2 设置菜单功能

使用菜单时，首先将菜单条、菜单、菜单项加入窗口。假如已经声明了一个 JFrame 窗口 fr，执行下列代码生成菜单界面。

```
//加入菜单条
fr.setJMenuBar(mb);
//加入菜单
mb.add(menuFile);
//加入菜单项
menuFile.add(menuFileNew);
menuFile.add(menuFileClose);
//加入分隔符
menuFile.addSeparator();
```

当有菜单事件发生时，重载 actionPerformed (ActionEvent ae) 方法。在此方法内实现事件处理功能。例如，有一个菜单项 menuFileClose 用于直接关闭文件，当用户单击菜单选择关闭文件时，需要将文本输入区的内容清空，并在文件状态栏里显示文件关闭但不保存。示例代码如下：

```
//当菜单中选择关闭时
else if(ae.getSource() == menuFileClose)  {
    ta.replaceRange("", 0, ta.getText().length());
    fileStatus.setText("文件状态:File closed without save|");
    fns = null;
}
```

5.1.3 对话框

对话框（Dialog）和 Frame 都是 Window 的子类，区别在于 Dialog 没有添加菜单的功能，而且对话框必须依赖于某个窗口或组件。当它依赖的窗口或组件消失时，对话框也消失。而当它所依赖的组件或窗口可见时，对话框自动回复。

可以通过建立 Dialog 类的子类来创建一个对话框，系统还提供一些标准的对话框组件。对话框也是一个容器，默认布局是 Border，可以在对话框里添加组件，实现与用户交互。常用的方法如表 5-3 所示。

表 5-3　JDialog 常用的方法

方　　法	说　　明
JDialog(Frame owner)	构造方法，创建一个没有标题，但将指定的 Frame 作为其所有者的无模式对话框
JDialog(Frame owner，boolean modal)	构造方法，创建一个没有标题，但有指定所有者的对话框
public void setSize(int width，int height)	调整组件的大小，使其宽度为 width，高度为 height
public void setVisible(boolean b)	根据参数 b 的值显示或隐藏此组件

对话框分为有模式和无模式两种。有模式对话框就是当这个对话框处于激活状态时，只让程序响应对话框内部的事件，程序不能再激活它所依赖的窗口或组件，而且它阻塞其他线程的执行，直到该对话框消失。无模式对话框与此相反，不阻塞线程的执行。在 5.3.2 节中建立的自定义对话框就是一个有模式对话框。

5.1.4　标准对话框

JDK 提供一些标准对话框供客户使用，这些对话框都是应用中常见的对话框类型，如弹出一个对话框让用户确认，让用户选择打开文件、保存文件等功能。这些标准对话框减轻了编程人员编写对话框的工作量，常用的对话框如下所述。

1. FileDialog 类

这是 Dialog 类的子类，它创建的对象成为文件对话框。文件对话框是一个打开文件和保存文件的有模式对话框。例如，基础实例中有如下代码：

```
Frame saveFileFrame = new Frame("Save file");
FileDialog fileDialog = new FileDialog(saveFileFrame);
fileDialog.setMode(FileDialog.SAVE);
fileDialog.setFile("*.txt;*.java");
fileDialog.show();
String file = fileDialog.getFile();
String directory = fileDialog.getDirectory();
if(file! =null)    fns=directory+file;
```

运行结果如图 5-5 所示。

2. 消息对话框

消息对话框是有模式对话框，给用户提供一些提示信息。可以使用 JOptionPane 类的静态方法来实现，此方法的声明如下：

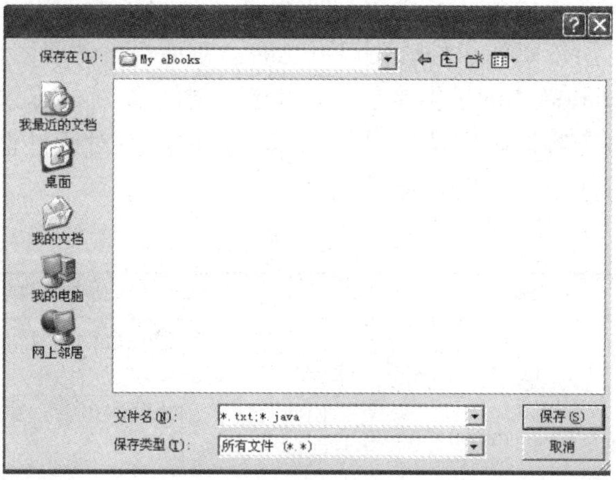

图 5-5 文件保存对话框

```
public static void showMessageDialog(Component parentComponent,
Object message,String title,int messageType)
throws HeadlessException
```

方法调用时弹出对话框，它显示使用由 messageType 参数确定的消息类型的图标。方法中的参数如下所述。

（1）parentComponent：确定在其中显示对话框的 Frame；如果为 null 或者 parentComponent，不具有 Frame，则使用默认的 Frame。

（2）message：要显示的 Object。

（3）title：对话框的标题字符串。

（4）messageType：要显示的消息类型，即 ERROR_MESSAGE、INFORMATION_MESSAGE、WARNING_MESSAGE、QUESTION_MESSAGE 或 PLAIN_MESSAGE。

例如，下面的代码弹出一个消息对话框，显示一条错误信息：

```
public class ErrorDialog {
  public static void main(String argv[]) {
    String message = "\"The Comedy of Errors\"\n"
        + "is considered by many scholars to be\n"
        + "the first play Shakespeare wrote";
    JOptionPane.showMessageDialog(new JFrame(), message, "Dialog",
        JOptionPane.ERROR_MESSAGE);
  }
}
```

3. 确认对话框

确认对话框是有模式对话框，使用 JOptionPane 的静态方法创建。此类对话框可以让用户在执行重要动作前先做确认。该方法声明如下：

```
public static int showConfirmDialog(Component parentComponent,
      Object message,String title,int optionType) throws HeadlessException
```

方法中的参数说明如下：

（1）parentComponent：确定在其中显示对话框的 Frame。如果为 null 或者 parentComponent，不具有 Frame，则使用默认的 Frame。

（2）message：要显示的 Object。

（3）title：对话框的标题字符串。

（4）optionType：指定可用于对话框的选项的 int，即 YES _ NO _ OPTION 或 YES _ NO _ CANCEL _ OPTION，表示对话框有两个按钮（YES 和 NO）或三个按钮（YES、NO、CANCEL）。

方法返回值指示用户所选选项的 int。例如，运行下面的代码将弹出一个对话框，用户选择“YES”按钮时，执行某些操作，否则执行另外一些操作。

```
int n=JoptionPane. showConfirmDialog(this, "确认正确吗?","确认对话框",
                                    JOptionPane. YES_NO_OPTION);
if(n== JOptionPane. YES_OPTION {//do something}
else{//do something}
```

5.1.5 用户自定义对话框

常用的对话框界面相似，显示的信息也很简单。如果想要设计更复杂的对话框，可以通过扩展 JDialog 类来创建。例如，用户单击 About 菜单选项时，可以用此类弹出一个对话框。

下面给出一个用户自定义对话框的例子：

```
public class AboutDialog extends JDialog{
    private static final long serialVersionUID =-43234324324L;
    // 用于显示错误详细信息的文本框
    private JTextArea detailTxt;
    private JLabel msgLbl;

    // 关闭按钮
    private JButton closeButton;

    public AboutDialog(JFrame frame,String title,String msg,String detail){
        super(frame,title,true);
        this. setResizable(false);
        this. locateMe(400, 300);
        msgLbl=new JLabel(msg);
        msgLbl. setForeground(Color. red);
```

```
        msgLbl.setFont(new Font("Serif", Font.BOLD, 16));

        detailTxt=new JTextArea(detail,5,20);
        detailTxt.setWrapStyleWord(true);
        detailTxt.setLineWrap(true);
        JScrollPane sp=new JScrollPane(detailTxt);

        closeButton=new JButton("关闭");
    ……
        // 设定布局
        int gridx, gridy, gridwidth, gridheight, anchor, fill,
            ipadx, ipady;
        double weightx, weighty;
        GridBagConstraints c;
        Insets inset;
        GridBagLayout gridbag = new GridBagLayout();
        setLayout(gridbag);
        addActionListeners();
    }

    private void addActionListeners(){
        final JDialog dlg=this;
        closeButton.addActionListener(
                new ActionListener() {
                        public void actionPerformed(ActionEvent e) {
                                dlg.dispose();
                        }
                }
         );
    }

    private void locateMe(int width, int height) {
        Dimension screenSize = Toolkit.getDefaultToolkit().
            getScreenSize();
        this.setSize(width, height);
        this.setLocation(screenSize.width / 2 - width / 2,
            screenSize.height/ 2 - height / 2);
    }
}
```

把该程序加入到初阶实例程序中，单击 About 菜单项，程序调用 AboutDialog.java，将弹出如图 5-6 所示的对话框。

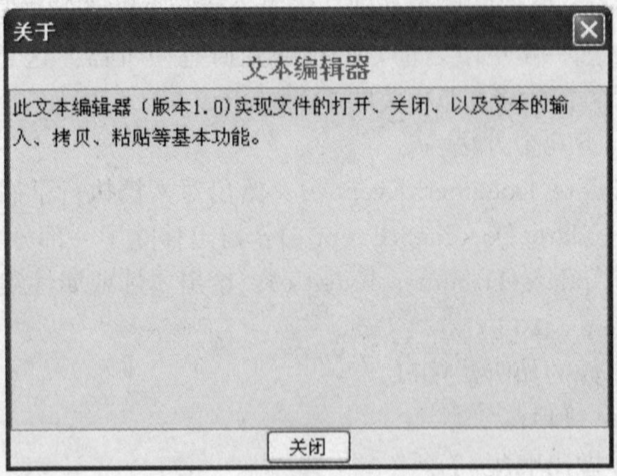

图 5-6　“关于”对话框

5.2 初阶案例

本案例基于 5.1 节介绍的文本编辑器知识，构造实现了一个文本编辑器，类似于常见的记事本或写字板，并提供其简化功能。

5.2.1 案例简介

对于此编辑器，完成的功能如下所述：

(1) 所见即所得的文本输入。

(2) 方便地选中文本、复制文本、删除文本、插入文本的功能。

(3) 简单的排版功能，如设置字体、字号等。

在初阶案例中实现以下功能：一个带有新建、改变颜色和字体、关闭、关于等菜单功能和对话框功能的例子，但打开和保存以及打印的功能暂且没有，留在高阶案例中实现。

5.2.2 案例程序设计

根据定义的需求分析结果，首先对程序进行划分，设计系统架构。这里需要一个主类，提供用户图形界面和实现基本功能。一个类用来实现文字颜色的编辑功能，一个类用来实现文字字体、字号的编辑功能。

1. 主类 MyEditor.java

这是此程序的主类，提供给用户图形界面。当用户使用菜单、键盘、鼠标进行文本编辑时，导致相应的事件触发并对事件进行处理。当前光标的位置在编辑器底部的状态栏里显示。

此类实现了如下几个接口：

(1) DocumentListener 接口

实现此接口，观察者使用该接口注册，以接收文本文档的更改通知。Document 接口的默认实现 AbstractDocument（抽象类）支持异步更改。如果使用此功能（即变化是来自 Swing 事件线程之外的线程），则通过正发生变化的线程通知侦听器。

这意味着，如果进行异步更新，则此接口的实现必须是线程安全的！DocumentEvent通知以 JavaBeans 事件模型为基础。传递给侦听器的传递顺序是没有保证的，并且在对 Document 做进一步更改之前，必须通知所有侦听器。这意味着 DocumentListener 的实现不能更改事件源（即相关的 Document）。

接口里定义了如下几个方法。

①void insertUpdate(DocumentEvent e)：给出对文档执行了插入操作的通知。

②void removeUpdate(DocumentEvent e)：给出移除了一部分文档的通知。

③void changedUpdate(DocumentEvent e)：给出属性或属性集发生了更改的通知。

（2）ActionListener 接口

用于接收操作事件的侦听器接口。

（3）KeyListener 接口

对用户键盘操作做出响应。

（4）CaretListener 接口

用于侦听文本组件插入符的位置更改的侦听器。

在 Eclipse 中建立一个名为 MyEditor 的项目，并在项目中建立一个类文件 MyEditor，名称与项目名相同。在类文件中输入相应的程序代码。

MyEditor. java 程序代码如下所示。首先是定义包和导入后面需要用到的类包。

```
package editor;  //定义 editor 包

import java.awt.*;
import java.awt.event.*;
import java.io.*;
import javax.swing.*;
import javax.swing.event.*;
import javax.swing.text.*;
```

小提示

程序为了好看，在一些关联不紧密的程序段落间经常使用空行，但有些空行打印出来比较浪费，因此下面源程序中的部分空行没有打印，但行号予以保留。

下面定义主类。由于需要处理一些事件，因此在创建主类的同时要引入四个事件处理接口。

```
public class MyEditor extends JFrame
    implements ActionListener, CaretListener, DocumentListener, KeyListener {
//引入四个事件处理接口
```

下面定义菜单项目声明，包括菜单的新建、关闭、退出、剪切、复制、粘贴等一系列选项。

```
    JMenuItem menuFileNew, menuFileClose,menuFileExit,
              menuEditCut, menuEditCopy, menuEditPaste,
              menuEditDeleteSelection, menuEditDeleteLine, menuEditDeleteWord,
              menuEditGoTo, menuEditSelectAll,
              menuViewFont, menuViewColor,
              menuViewDoubleSpace,
              menuHelpAbout;
```

定义选项菜单声明：

```
    JCheckBoxMenuItem menuViewStatus, menuViewWordWrap;
```

定义可编辑区域 JTextArea 和 JTextField：

```
    JTextArea ta;
    JTextField tfs, tfro, tfrn;
```

下面是状态栏标签声明：

```
    JLabel fileStatus, statusRow, statusCol, statusMode, statusSize;
```

弹出对话框按钮声明：

```
    JButton bs, brf, brr, brra;
```

JFrame 和 JDialog 实例声明：

```
    JFrame fr;
    JDialog dl;
```

状态标记：

```
    static int foundCount = 0;
    int FindStartPos = 0;
    boolean findingLoop = true;
```

……

定义主函数 main：

```
    public static void main(String[] args){
        try { //使用 try…catch 来捕捉异常
  UIManager.setLookAndFeel("com.sun.java.swing.plaf.windows.WindowsLookAndFeel");
        } catch(Exception e) { }
        MyEditor me = new MyEditor(); //建立 MyEditor 实例 me
```

```
        me.showIt();
    }
  ……
    public void showIt(){  //包含显示界面的相关内容
  ……
```

添加菜单：

```
    fr.setJMenuBar(mb);
    mb.add(menuFile);
    menuFile.add(menuFileNew);
    menuFile.add(menuFileClose);
    menuFile.addSeparator();
    menuFile.add(menuFileExit);
```

……

添加窗口关闭处理，设置框架大小并显示。

```
        fr.addWindowListener(new WindowAdapter()  {
            public void windowClosing(WindowEvent e)  {
                System.exit(0);
            }
        });
        fr.setSize(600,420);
        fr.setVisible(true);
    }

    public void actionPerformed(ActionEvent e) {
```

新建文件：

```
        if(e.getSource()== menuFileNew)  {
            ta.replaceRange("", 0, ta.getText().length());
            fns = null;
            fileStatus.setText("文件状态:New File|            ");
        }
```

关闭文件：

```
        else if(e.getSource()== menuFileClose)  {
            ta.replaceRange("", 0, ta.getText().length());
            fileStatus.setText("文件状态:File closed without save|");
```

```
            fns = null;
        }
```

退出 MyEditor：

```
        else if(e.getSource()== menuFileExit)  {
            System.exit(0);
        }

        //Cut 操作
        else if(e.getSource()== menuEditCut)  {
            ta.cut();
        }
    ......
        else if(e.getSource()== menuEditDeleteLine)  {
```

删除行操作：

```
            String str = ta.getText();
            int pos = ta.getCaretPosition();
            int lineStart = 0, lineEnd = 0;
            lineStart = str.substring(0, pos).lastIndexOf('\12');
            lineEnd = str.indexOf('\15', pos);
            lineStart=(lineStart == -1)  ? 0 :  (lineStart - 1);
            ta.replaceRange("", lineStart, lineEnd);
            lineStart=(lineStart == 0)  ? 0 :  (lineStart + 2);
            ta.setCaretPosition(lineStart);
        }
    ......
    }//End of actionPerformed

    public void caretUpdate(CaretEvent e) {
        if(menuViewStatus.getState())
            showStatus();
    }
    ......
    public void keyTyped(KeyEvent e) {
        beginTextListener = true;
        isNewFile = false;
        if(! BACKSPACE)  {
```

```
            if(! INSERTMODE)  {
                int pos = ta. getCaretPosition();
                char c = ta. getText(). charAt(pos);
                if(c =='\12')  {
                }
                else if(c =='\15')  {
                }
                else {
                    ta. replaceRange("", pos, pos + 1);
                }
            }
        }
        BACKSPACE = false;
    }

    public void keyPressed(KeyEvent e) {
        if(e. getKeyCode()=='\10')  {
            BACKSPACE = true;
        }
    }

  ……
    public void itemStateChanged(ItemEvent ie) {
        if(ie. getSource()== fore)  {
```

前景色改变：

```
  ……
        }
        else if(ie. getSource()== back)  {
```

改变背景色：

```
  ……
        }
        else if(ie. getSource()== colorCheckbox)  {
            if(colorCheckbox. getState())  {
                synchronism = true;
            }
            else {
```

```
                synchronism = false;
            }
        }
    }

    public void actionPerformed(ActionEvent ae) {
        if(ae.getSource()== colorButtonOk)  {
            changed = true;
            dispose();
        }
        else if(ae.getSource()== colorButtonCancel)  {
            changed = false;
            dispose();
        }
    }
......
    public void adjustmentValueChanged(AdjustmentEvent ade) {
        if(ade.getSource()== scrollbarRed)  {
```

红色数值调整：

```
            if(synchronism)  {
                textFieldRed.setText(scrollbarRed.getValue()  + "");
                scrollbarGreen.setValue(scrollbarRed.getValue());
                textFieldGreen.setText(scrollbarRed.getValue()  + "");
                scrollbarBlue.setValue(scrollbarRed.getValue());
                textFieldBlue.setText(scrollbarRed.getValue()  + "");
                if(isFore)  {
                    colorTextField.setForeground(setColorVarSrollbar());
                    fbgc[0] = setColorVarSrollbar();
                }
                else {
                    colorTextField.setBackground(setColorVarSrollbar());
                    fbgc[1] = setColorVarSrollbar();
                }
            }
            else {
                textFieldRed.setText(scrollbarRed.getValue()+"");
                if(isFore)  {
```

```
                    colorTextField. setForeground(setColorVarSrollbar());
                    fbgc[0] = setColorVarSrollbar();
                }
                else {
                    colorTextField. setBackground(setColorVarSrollbar());
                    fbgc[1] = setColorVarSrollbar();
                }
            }
        }
        else if(ade. getSource()== scrollbarGreen)  {
```

绿色数值调整：

```
……
    }
    private Color setColorVarSrollbar()  {
        return new Color(scrollbarRed. getValue(),
        scrollbarGreen. getValue(),
        scrollbarBlue. getValue());
    }
}
```

2. 设置程序颜色 SetColor. java 源代码清单

该类主要用来设置菜单中的颜色。首先给出包名和需要导入的类。

```
package editor;
import java. awt. * ;
import java. awt. event. * ;
```

定义主类 MenuColor：

```
public class SetColor extends JDialog
implements ItemListener,ActionListener,TextListener, AdjustmentListener {
```

AWT 组件声明：

```
    CheckboxGroup gp;
    Checkbox fore, back;
    Scrollbar scrollbarRed, scrollbarGreen, scrollbarBlue;
    TextField textFieldRed, textFieldGreen, textFieldBlue;
    JButton colorButtonOk, colorButtonCancel;
```

```
    Checkbox colorCheckbox;
    JTextField colorTextField;
```

改变标记：

```
    boolean changed = true;
```

同步标记：

```
    boolean synchronism = false;
```

颜色数组：

```
    Color[] fbgc = new Color[2];
    Color[] fbgcOld = new Color[2];
```

前景色标记：

```
    boolean isFore = true;

```

构造方法：

```
    SetColor(JFrame frame, boolean modal)  {
        super(frame, modal);
    }

```

myLayout 方法，窗体布局：

```
    public Color[] myLayout(Color fgc, Color bgc)  {
  ......
```

添加窗体侦听器：

```
        this.addWindowListener(new WindowAdapter()  {
            public void windowClosing(WindowEvent e)  {
                dispose();
            }
        });
        this.setLocation(120, 120);
        this.setResizable(false);
        this.setSize(480,160);
```

显示窗体：

```
  ......
```

```
    public void itemStateChanged(ItemEvent ie) {
        if(ie.getSource()== fore)  {
```

前景色改变：

```
            isFore = true;
            scrollbarRed.setValue(fbgc[0].getRed());
            textFieldRed.setText(scrollbarRed.getValue()  + "");
            scrollbarGreen.setValue(fbgc[0].getGreen());
            textFieldGreen.setText(scrollbarGreen.getValue()  + "");
            scrollbarBlue.setValue(fbgc[0].getBlue());
            textFieldBlue.setText(scrollbarBlue.getValue()  + "");
            colorTextField.setForeground(setColorVarSrollbar());
        }
        else if(ie.getSource()== back)  {
```

背景色改变：

```
  ......
    }

    public void actionPerformed(ActionEvent ae) {
        if(ae.getSource()== colorButtonOk)  {
            changed = true;
            dispose();
        }
        else if(ae.getSource()== colorButtonCancel)  {
            changed = false;
            dispose();
        }
    }
  ......
    }
    private Color setColorVarSrollbar()  {
        return new Color(scrollbarRed.getValue(),
        scrollbarGreen.getValue(),
        scrollbarBlue.getValue());
    }

}
```

3. 设置字体程序 SetFont. java 源代码清单

```
……
public class SetFont extends JDialog
    implements ItemListener, ActionListener, TextListener {
```

AWT 组件声明:

```
    CheckboxGroup gp;
    Checkbox plain, bold, italic, boldItalic;
    Choice fontNameChoice;
    TextField fontSizeTextField;
    List fontSizeList;
    TextField fontTextField;
    JButton fontButtonOk;
    JButton fontButtonCancel;
```

默认字体:

```
    int fontStyleInt = 0;
```

更改标记:

```
    boolean changed = true;
```

字号范围:

```
    int fontSizeMin = 10, fontSizeMax = 36, fontSizeChangedStep = 2;

```

构造方法 SetFont:

```
    SetFont(Frame frame, boolean modal) {
        super(frame, modal);
    }

    public Font myLayout(Font taFont) {
  ……
```

添加窗体侦听器,完成关闭窗口的功能。

```
        this.addWindowListener(new WindowAdapter() {
            public void windowClosing(WindowEvent e) {
                dispose();
            }
        });
```

```
        this.setLocation(120, 120);
        this.setResizable(false);
        this.setSize(480,160);
```

显示窗体：

```
        this.setVisible(true);
        if(changed)
            return returnFont();
        else
            return taFont;
    }

    public void itemStateChanged(ItemEvent ie) {
        if(ie.getSource()== plain)  {
            updateFontTextField();
        }
  ......
    }

    public void actionPerformed(ActionEvent ae) {
        if(ae.getSource()== fontButtonOk)  {
            changed = true;
            dispose();
        }
        else if(ae.getSource()== fontButtonCancel)  {
            changed = false;
            dispose();
        }
    }
  ......
```

更新字体：

```
    private void updateFontTextField()  {
        if(gp.getSelectedCheckbox().getLabel().equals("PLAIN")){
            fontStyleInt = Font.PLAIN;
        }
  ......
    }
}
```

5.3 输入/输出流和文件

I/O 流提供一个通道程序，使用这个通道把源中的字节序列送到目的地。输入流的指向称为源，程序从指向源的输入流中读取数据。输出流的指向是字节要去的目的地，程序通过向输出流中写数据，把信息传递到目的地。流是一个很形象的概念，当程序需要读取数据的时候，就会开启一个通向数据源的流。这个数据源可以是文件、内存，或是网络连接。类似地，当程序需要写入数据的时候，就会开启一个通向目的地的流。

5.3.1 输入/输出流类

Java 中的流分为两种，一种是字节流，另一种是字符流，分别由四个抽象类来表示（每种流包括输入和输出两种，所以一共四个）：InputStream、OutputStream、Reader 和 Writer。Java 中其他多种多样变化的流均是由它们派生出来的。InputStream 和 OutputStream 是基于字节流的，基于字符流的是 Reader 和 Writer。

在这四个抽象类中，InputStream 和 Reader 定义了完全相同的接口：

(1) int read()：读取单个字符。

(2) int read(char cbuf[])：将字符读入数组。

(3) int read(char cbuf[], int offset, int length)：将字符读入数组的某一部分。

OutputStream 和 Writer 也是如此：

(1) int write(int c)：写入单个字符。

(2) int write(char cbuf[])：写入字符数组。

(3) int write(char cbuf[], int offset, int length)：写入字符数组的某一部分。

这六个方法都是最基本的。read()和 write()通过方法的重载来读写一个字节，或者一个字节数组。更多灵活、多变的功能是由它们的子类来扩充完成的。

1. BufferedReader 类

这是 Reader 的一个子类，它具有缓冲的作用，避免了频繁地从物理设备中读取信息。它有以下两个构造函数：

(1) BufferedReader(Reader in)：创建一个使用默认大小输入缓冲区的缓冲字符输入流。

(2) BufferedReader(Reader in, int sz)：创建一个使用指定大小输入缓冲区的缓冲字符输入流。

这里的 sz 是指定缓冲区的大小，它的基本方法如表 5-4 所示。

表 5-4　BufferedReader 类的主要方法

方　法	说　明
void close()	关闭流
void mark(int readAheadLimit)	标记当前位置
boolean markSupported()	是否支持标记
int read()	继承自 Reader 的基本方法
int read(char[] cbuf, int off, int len)	继承自 Reader 的基本方法

续表

方　法	说　明
String readLine()	读取一行内容，并以字符串形式返回
boolean ready()	判断流是否已经做好读入的准备
void reset()	重设到最近的一个标记
long skip(long n)	跳过指定个数的字符读取

2. InputStreamReader 类

这是 InputStream 和 Reader 之间的桥梁，由于 System. in 是字节流，需要用它来包装之后变为字符流供给 BufferedReader 使用。

3. PrintWriter 类

用于向文本输出流打印对象的格式化表示形式。

```
PrintWriter out1=new PrintWriter(new BufferedWriter(new FileWriter("IO-
Demo. out")));
```

在此代码中，输出目的地是文件 IODemo. out，所以最内层包装的是 FileWriter(向文件输出)，建立一个输出文件流。接下来，由于希望这个流是缓冲的，所以用 Buffered-Writer 来包装它以达到目的。最后，需要格式化输出结果，于是将 PrintWriter 包在最外层。

一个简单的实例如下所述。此程序将输入重定向到文件 Redirecting. java，将输出重定向到文件 test. out，从而实现两个文件间的复制。

```
public class Redirecting {
    public static void main(String[]args)throws IOException {
        PrintStream console=System. out;
        BufferedInputStream in=new BufferedInputStream
                        (new FileInputStream( "Redirecting. java"));
        PrintStream out=new PrintStream(new BufferedOutputStream
                    (new FileOutputStream("test. out")));
        System. setIn(in);
        System. setOut(out);
        BufferedReader br=new BufferedReader
                    (new InputStreamReader(System. in))
        String s;
        while((s = br. readLine()) ! = null)
          System. out. println(s);
        out. close();S
        System. setOut(console);
    } }
```

小提示

限于篇幅的原因，本书只简单讲解用到的字符流和字节流，有兴趣深入学习的读者请参阅有关的 JDK 文档资料。

5.3.2　文件

File 类的对象主要用来获取文件本身的一些信息，例如文件的长度、所在的目录、读写权限等。绝对路径名是完整的路径名，不需要任何其他信息就可以定位自身表示的文件。相反，相对路径名必须使用来自其他路径名的信息进行解释。File 的构造方法如表 5-5 所示。

表 5-5　File 对象的构造方法

构造方法	说　明
File (File parent, String child)	根据 parent 抽象路径名和 child 路径名字符串创建一个新 File 实例
File(String pathname)	通过将给定路径名字符串转换成抽象路径名来创建一个新 File 实例
File(String parent, String child)	根据 parent 路径名字符串和 child 路径名字符串创建一个新 File 实例
File(URI uri)	通过将给定的 file: URI 转换成一个抽象路径名来创建一个新的 File 实例

File 类一些常用的方法如表 5-6 所示。

表 5-6　File 类常用的方法

构造方法	说　明
public String getName()	返回由此抽象路径名表示的文件或目录的名称，它是路径名的名称序列中的最后一个。如果路径名的名称序列为空，则返回空字符串
public String getPath()	将此抽象路径名转换为一个路径名字符串。所得到的字符串使用默认名称分隔符来分隔名称序列中的名称
public boolean exists()	测试此抽象路径名表示的文件或目录是否存在
public boolean isDirectory()	测试此抽象路径名表示的文件是否是一个目录
public boolean createNewFile() throws IOException	当且仅当不存在具有此抽象路径名指定的名称的文件时，原子地创建由此抽象路径名指定的一个新的空文件。检查文件是否存在，如果不存在，则创建该文件。这是单个操作，对于其他所有可能影响该文件的文件系统活动来说，该操作是原子的
public boolean mkdir()	创建此抽象路径名指定的目录

一个简单的示例如下所示，实现两个文件的复制，复制文件 f1 至 f2。

```
public class UpdateFile{
    public static void main(String[] args) throws IOException {
        // 待复制的文件名
        String fileName ="WriteFile. txt";
        // 子目录名
        String childDir ="backup";
```

```
        new UpdateFile(). update(fileName, childDir);
    }

    public void update(String fileName, String childDir) throws IOException {
        File f1, f2, child;
        //在 fileName 和 childDir 当前目录中分别创建文件对象
        f1 =new File(fileName);
        child =new File(childDir);
        if(f1. exists()) {
            if(! child. exists())
                child. mkdir();
            //在子目录 childDir 中创建文件对象
            f2=new File(child, fileName);
            if(! f2. exists() | f2. exists()
                &&(f1. lastModified() > f2. lastModified()))
                copy(f1, f2);
            getInfo(f1);
            getInfo(child);
        }else
            System. out. println(f1. getName()+"file not found!");
        }

    public void copy(File f1, File f2) throws IOException {
        // 创建文件输入/输出流对象
        FileInputStream is =new FileInputStream(f1);
        FileOutputStream os =new FileOutputStream(f2);
        // 设定读取的字节数
        int count, n = 512;
        byte buffer[] = new byte[n];
        //读取输入流
        count = is. read(buffer,0, n);
        while(count ! = -1) {
            os. write(buffer,0, count);
            count = is. read(buffer,0, n);
        }
        // 关闭输入/输出流
        is. close();
        os. close();
    }
```

```
public static void getInfo(File file) throws IOException {
    // 初始化时间格式
    SimpleDateFormat sdf =
        new SimpleDateFormat("yyyy-MM-dd hh:mm:ss");
    if(file.isFile())
        //返回抽象路径名的绝对路径、文件长度、最后修改时间
        System.out.println("<FILE>\t" + file.getAbsolutePath() + "\t"
        + sdf.format(new Date(file.lastModified())));
    else {
        System.out.println("\t" + file.getAbsolutePath());
        File[] files = file.listFiles();
        for(int i = 0; i < files.length; i++)
            getInfo(files[i]);
    }
  }
}
```

5.4 高阶案例

在初阶案例中，实现了一个带有新建文本、改变颜色和字体、关闭、关于等菜单功能和对话框功能的例子。这些功能对于一个文本编辑器来说是不够的，打开和保存的功能没有实现。将在高阶案例中实现这两个功能。

5.4.1 案例简介

高阶案例添加了打开和保存两个部分，如图 5-7 和图 5-8 所示。

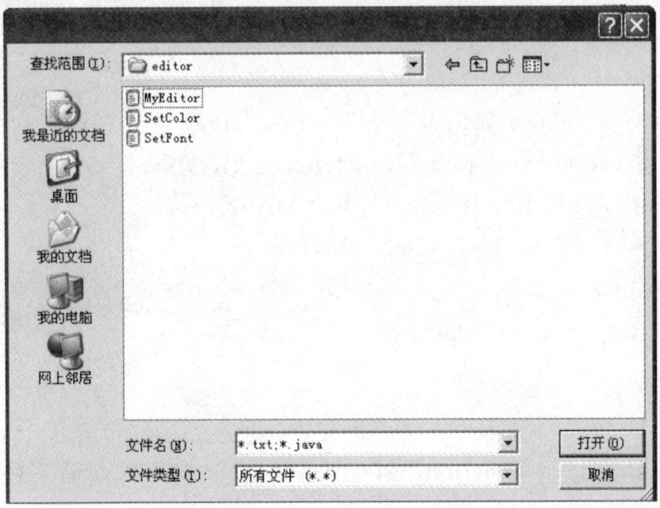

图 5-7　打开文件对话框

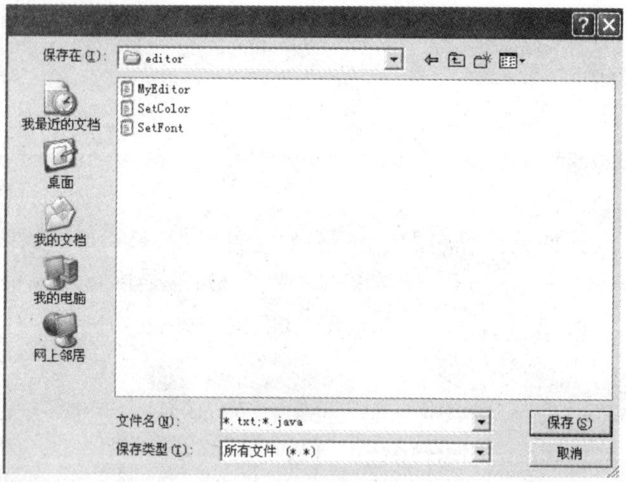

图 5-8 保存文件对话框

5.4.2 案例程序设计

打开在 Eclipse 保存的低阶案例 MyEditor，打开主类 MyEditor. java，并添加以下内容。

1. 在 MyEditor. java 加入声明

```
JMenuItem menuFileOpen,menuFileSave;
```

2. 在 MyEditor. java 布局方法中加入新的组件及事件

```
......
// 初始化 open 菜单项
menuFileOpen = new JMenuItem("Open...", 'O');
menuFileOpen.setAccelerator(KeyStroke.getKeyStroke(KeyEvent.VK_O,
InputEvent.CTRL_MASK));
menuFileOpen.addActionListener(this);
// 初始化 save 菜单项
menuFileSave = new JMenuItem("Save", 'S');
menuFileSave.setAccelerator(KeyStroke.getKeyStroke
(KeyEvent.VK_S,InputEvent.CTRL_MASK));
menuFileSave.addActionListener(this);
//加入到菜单
menuFile.add(menuFileOpen);
menuFile.add(menuFileSave);
......
```

3. 在 MyEditor. java 的 actionPerformend()方法中加入新的事件处理

```
......
```

```
//保存文件
else if(e. getSource()== menuFileSave) {
OutputStreamWriter osw;
if(fns != null) {
        try{
        osw = new OutputStreamWriter(
          new BufferedOutputStream(
            new FileOutputStream(fns)));
              osw. write(ta. getText(), 0, ta. getText(). length());
            osw. close();
          fileStatus. setText("文件状态:file saved|         ");
} catch(IOException ie) { }
if(fileStatus. getText(). endsWith(" * ")) {
    fileStatus. setText(fileStatus. getText(). substring(0,
    fileStatus. getText(). length() - 1));
}
}
else {
Frame saveFileFrame = new Frame("Save file");
FileDialog fileDialog = new FileDialog(saveFileFrame);
FileDialog. setMode(FileDialog. SAVE);
fileDialog. setFile(" * . txt; * . java");
fileDialog. show();
String file = fileDialog. getFile();
String directory = fileDialog. getDirectory();
if(file != null) {
    fns = directory + file;
    try{
        osw = new OutputStreamWriter(
          new BufferedOutputStream(
            new FileOutputStream(fns)));
        osw. write(ta. getText(), 0, ta. getText(). length());
        osw. close();
      fileStatus. setText("文件状态:File saved|         ");
      } catch(IOException ie) { }
  }
}
}
```

```
else if(ae. getSource()  == menuFileOpen)  {
//打开文件
String s = null;
StringBuffer strPool = new StringBuffer();
Frame openFileFrame = new Frame("Open file");
FileDialog fileDialog = new FileDialog(openFileFrame);
fileDialog. setMode(FileDialog. LOAD);
fileDialog. setFile(" *. txt; *. java");
fileDialog. show();
String file = fileDialog. getFile();
String directory = fileDialog. getDirectory();
//读取文件
if(file ! = null)  {
    fns = directory + file;
    ta. replaceRange("", 0, ta. getText(). length());
    BufferedReader br;
    try{
      br = new BufferedReader(new FileReader(fns));
      s = br. readLine();
      while(s ! = null)  {
        strPool. append(s +'\15'+ "\12");
        s = br. readLine();
      }
br. close();
      ta. setText(strPool. toString());
      } catch(IOException e)  {
    }
    //  显示状态
    fileStatus. setText("File opened. ");
    isNewFile = true;
}
}
  ……
```

本章实训

1. 实训目的

(1) 掌握Java文件操作和菜单功能。

(2) 掌握使用自定义对话框和常用标准对话框的方法。

2. 实训内容

在文本编辑器中增加选中文本、复制文本、删除文本、插入文本、查找文本的功能。

3. 实训步骤

(1) 加入菜单项声明。参考实例中的声明：

```
JMenuItem menuFileOpen,menuFileSave;
```

(2) 在布局方法中加入新的组件，如在菜单中加入新的菜单项。

(3) 在 actionPerformend()方法中加入新的操作，如复制文本。

例如，

```
    //Copy 操作
    else if(e. getSource()== menuEditCopy)  {
        ta. copy();
    }
```

JTextArea 对象 ta 有一个 copy()方法，可以将文本复制到粘贴板。

(4) 编写完成后，在 Eclipse 中调试并测试程序。

本章小结

通过本章的学习，读者可以了解并掌握有关 Java 菜单编程和文件操作的基本方法。本章以基础实例为引导，首先介绍了用户图形界面中菜单编写的方法，以及加入菜单功能的方式；然后介绍了 Java 中文件、输入/输出流以及对话框使用的基本知识；最后，结合前面所讲的内容，将基础实例进行扩展，完成了一个具备常用功能的文本编辑器程序。

实例结合了菜单设计、文件操作、对话框的使用等多方面的知识和技巧，使读者可以进一步了解开发一个功能完善的 Java 程序的基本编程方法和设计思想。

课外阅读

程序中遇到引用资源文件的路径问题

如果 Eclipse 工程的默认路径是 F:\workbench，资源文件在项目的 res 中。假如要在 Eclipse 中运行时能显示资源文件（项目名为 MyText，图片名为 a. png)，则路径为 res/a. png，此路径表示在当前路径下寻找文件，当前路径即 F:\workbench\MyText\，或者./res/a. png，./表示当前目录。但不能是/res/a. png，因为“/”表示是当前项目的根路径，即 F:。若用 /res/a. png，当 Eclipse 运行时，寻找文件的路径是 F:\res\a. png，这当然找不到。

但要想在程序打包后，jar 放在别的地方也能显示图片，上述路径都不正确。这时应该用 class. getResource()，如 URL imageUrl = MyText. class. getResource ("/res/

a. png")，将程序打包后，在运行加载 MyText 时会到 MyText 的根路径 jar 包下去寻找资源。若把 jar 放在桌面，采用/res/a. png，程序寻找资源文件的完整路径是 C：\ Users \ hwl \ Desktop \ mytext. jar! \ res \ a. png（mytext 为包名），这样肯定能找到所需文件。如果是 getResource（" ./res /a. png"）或是 res/a. png，则双击 jar 包时无反应。

在 J2ME 中要特别注意，资源文件的路径不是 res/a. png，而是/a. png。因为 Eclipse 在新建一个 midlet suit 时默认的资源文件路径是 res 文件夹，所以会自动到 res 下去寻找文件，在路径中不用再加 res。可在“Window”→“Preferences”→“J2ME”→“New Midlet Suit”中看到“Automactically use Resources Directory in New Projects”是被勾选的，且“Resources Directory”被设为“res”。

注：上述课外阅读文章摘编自网络 http://blog. csdn. net/hwlhwj/archive/2009/11/22/ 4851005. aspx。

课后作业

修改高阶案例，增加打印功能。

第6章　赛马游戏

本章引言

本章将通过两个有趣的关于赛马游戏的案例，介绍Java语言图形处理的基础知识和多线程处理方面的知识。

在初阶案例中，读者需要编写一个Java应用程序，其功能是模拟一场赛马比赛的跑动过程。其中，赛马用黑色方块代替。要求总共设置三匹赛马，其比赛过程是固定的，每次结果皆一致，运行效果如图6-1所示。通过本案例，读者将进一步熟悉Java语言中基础的图形处理操作。

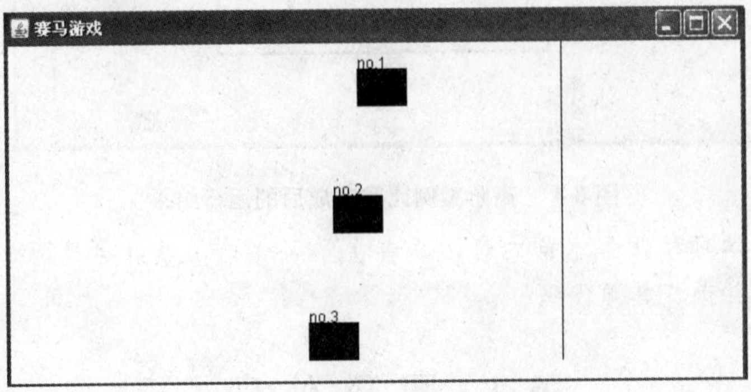

图6-1　初阶案例运行结果

在高阶案例中引入了多线程的应用，在初阶案例的基础上进行扩展，设计并开发出一个模拟赛马比赛的游戏程序，运行结果如图6-2、图6-3和图6-4所示。使读者了解利用线程来完成“同时”做多件事的方法，以及在此过程中对线程进行控制的方法。

图6-2　高阶案例启动后的运行结果

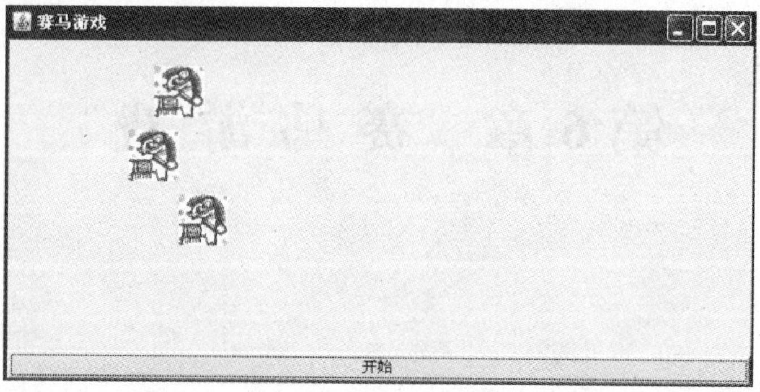

图 6-3　高阶案例单击“开始”键后的运行结果

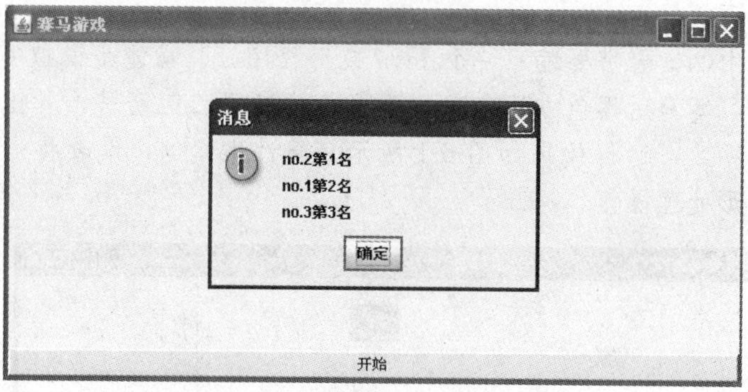

图 6-4　高阶案例比赛完成后的运行结果

为了更好地学习和理解本章内容，读者在学习之前，最好运行两个案例程序，了解其运行效果，并浏览其源代码。

6.1　图形处理

Java提供了非常丰富的图形图像处理功能，可以完成任何图形图像的绘制和处理操作。

6.1.1　框架（JFrame）

Java应用程序要创建一个用户界面，最常用的Swing容器是JFrame类。JFrame类提供了一个包含标题、边框等的顶层窗口。

1. JFrame类的构造方法

```
JFrame()                          //创建一个无标题的框架
JFrame(String title)              //创建一个标题为title的框架
```

2. JFrame类的常用成员方法

```
public   void setVisible(boolean b)            //设置框架是否可见,框架默认不可见
public   void setSize(int width, int height)  //设置框架的大小,默认位置是(0,0)
```

```
public   void setBounds(int x,int y, int weight, int height)
   //设置框架出现在屏幕上的初始位置(x,y),框架在屏幕上的宽和高为 weight
   //和 height
public   void setResizable(boolean b)       //设置框架是否可调整大小,默认为不可调
                                             //整大小
public   void setLocation(int x,int y)      //在屏幕左上角的放置位置为(x,y)
public   void setDefaultCloseOperation(int Operation)
   //设置单击操作右下角关系图标后,根据其中的参数进行相应的处理
```

其中，Operation 的有效值如下所示：

(1) DO_NOTHING_ON_CLOSE

(2) HIDE_ON_CLOSE

(3) DISPOSE_ON_CLOSE

(4) EXIT_ON_CLOSE

3. 创建并显示框架

```
import javax. swing. * ;
public class myframe{
        public static void main(String[] args){
          JFrame frame=new JFrame("myFrame");
          frame. setSize(400,400);
          frame. setVisible(true);
          frame. setDefaultCloseOperation(frame. EXIT_ON_CLOSE);
       }
}
```

6.1.2　简单图形

Java 的 Graphics 类是 Java. awt 包中的子类，其中包括很多绘制图形和文字的方法，可以利用 Graphics 类创建的实例随意绘制图形和文字，并在组件面使用它们可以取得许多的特效。

Graphics 类可以绘制的图形有直线、各种矩形、多边形、圆和椭圆等。下面列举一些 Graphics 类中绘制图形的方法。

(1) drawLine (int x1, int y1, int x2, int y2)
　//绘制一条线段，从（x1, y1）至（x2, y2）

(2) drawOval (int x, int y, int w, int h)
　//绘制空心椭圆，其中（x, y）为左上角坐标值；w，h 表示半径，当 w=h 时，即为圆形

(3) fillOval (int x, int y, int w, int h)
　//绘制实心椭圆，参数与上例意义一样

(4) drawRect (int x, int y, int w, int h)　　//绘制一个空心矩形

(5) fillRect (int x, int y, int w, int h)　//绘制一个填充颜色的矩形

(6) drawRoundRect (int x, int y, int w, int h, int aw, int ah)
　//绘制一个圆角矩形

(7) fillRoundRect (int x, int y, int w, int h)
　//绘制一个圆角填充颜色的矩形

下例为上述方法的实际应用：

```
public class Draw_pic extends JFrame{
    public Draw_pic(){
        Container con=getContentPane();
        con.add(new DrawPanel());
    }
    public static void main(String[] args) {
        Draw_pic frame=new Draw_pic();
        frame.setSize(400, 500);
        frame.setVisible(true);
    }
    class DrawPanel extends JPanel{
        public void paintComponent(Graphics g){
            g.drawRect(10, 10, 20, 20);
            g.fillRect(30, 30, 40, 40);
            g.drawOval(100, 120, 100, 100);
            g.fillOval(160, 160, 40, 40);
            g.drawRoundRect(80, 10, 100, 50, 10, 10);

            int x[]={225,290,210,275,250};
            int y[]={90,40,40,90,10};

            g.setColor(Color.green);
            g.drawPolygon(x,y,x.length);
            g.drawLine(100, 280, 200, 360);
        }
    }
}
```

代码编写完成后，运行程序，显示如图 6-5 所示的运行结果。

6.1.3 颜色

Java 的 java.awt.Color 类为 GUI 件设置颜色。颜色中的 R（红）、G（绿）、B（蓝）为三原色的值，一个 RGB 值由三部分组成，第一个 RGB 部分定义红色的量；第

图 6-5　简单图形运行结果

二个定义绿色的量；第三个定义蓝色的量。

1. Color 类的构造方法

（1） public Color(int r, int g, int b); //使用在 0～255 范围内的整数指定红、绿、蓝三种颜色的比例来创建一种 Color 对象

（2） public Color(float r, float g, float b); //使用 0.0～1.0 范围内的浮点数指定红、绿、蓝三种颜色的比例来创建一种 Color 对象

（3） public Color(int rgb);　　//使用指定的组合 RGB 值创建一种 Color 对象

2. 设置颜色

用 java.awt.Graphics 类的方法设定颜色或获取颜色。这些方法及其功能如下所述：

（1） setColor(Color c);　　//设置前景颜色，c 代表颜色

（2） setColor(new Color(int r, int g, int b)); //根据 RGB 值，设置前景颜色

（3） setBackground(Color c); //设定背景颜色，c 代表颜色

（4） getColor();　　//获取当前所使用的颜色

6.2　初阶案例

本案例要求编写一个 Java 应用程序，其功能是模拟一场赛马比赛的跑动过程。通过本案例，读者将进一步熟悉 Java 语言中基本的图形处理操作。

6.2.1　案例简介

本案例要求用户模拟一场赛马比赛的跑动过程。其中，赛马用黑色方块代替。要求总共设置三匹赛马，其比赛过程是固定的，每次结果皆一致。

本案例运行后，结果如图 6-6 所示。

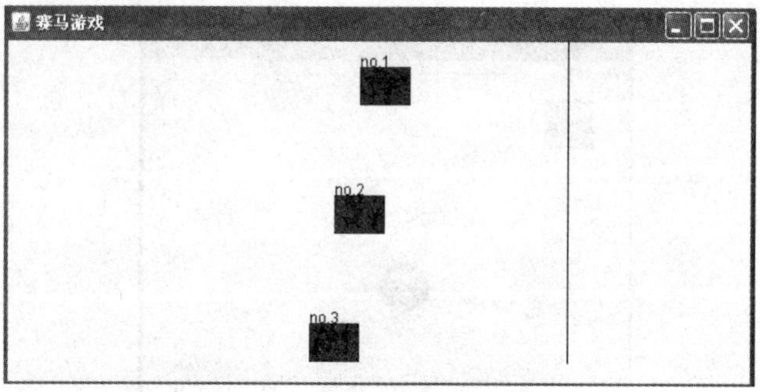

图 6-6 Racing 程序运行结果

6.2.2 案例程序设计

在 Eclipse 中建立一个项目，名称为 Racing，并在项目中建立一个文件包（Package），名为 com；然后，在上述文件包中建立以下类。

赛马类程序 Racing. java 的主要代码清单如下：

```
……
public class Racing extends JFrame{
 int x1;
 int y1=50;      //定义 1 号马的横、纵坐标
 int x2;
 int y2=150;      //定义 2 号马的横、纵坐标
 int x3;
 int y3=250;      //定义 3 号马的横、纵坐标

 public int getX1() {
      return x1;
 }
 public void setX1(int x1) {
      this. x1 = x1;
 }
 public int getX2() {
      return x2;
 }
 public void setX2(int x2) {
      this. x2 = x2;
 }
 public int getX3() {
      return x3;
 }
```

```java
    public void setX3(int x3) {
        this.x3 = x3;
    }

    public Racing(){
        super("赛马游戏");
        setLocation(400, 300);
        setSize(600,300);
        setVisible(true);
        setDefaultCloseOperation(JFrame.EXIT_ON_CLOSE);
    }
    public void paint(Graphics g) {
        super.paint(g);
        g.drawLine(450, 20, 450, 280);
        g.fillRect(x1, y1, 40, 30);            //画出 1 号马,以方块代替
        g.drawString("no.1", x1, y1);
        g.fillRect(x2, y2, 40, 30);            //画出 2 号马,以方块代替
        g.drawString("no.2", x2, y2);
        g.fillRect(x3, y3, 40, 30);            //画出 3 号马,以方块代替
        g.drawString("no.3", x3, y3);

    }
    public static void main(String[] args) throws InterruptedException{
        Racing frame=new Racing();
        for(int i=0;i<400;i++){//画赛马,其横坐标 x 在 0~400 范围内逐渐增大
            frame.setX1(i+50);
            frame.setX2(i+30);
            frame.setX3(i+10);
            Thread.sleep(10);
            frame.repaint();     //根据新的 x 值重绘赛马
        }
    }
}
```

6.3　多　线　程

现在的个人计算机上的操作系统都支持多任务处理技术。多任务处理技术有两种类型：基于进程的方式和基于线程的方式。进程本质上是一个正在执行的程序。基于

进程的多任务处理的特点是允许用户的计算机同时执行多个程序。在基于线程的多任务处理环境中，线程是最小的执行单位，一个程序执行的同时可以启动多个线程。

Java 内置支持多线程编程，对多线程的充分支持是 Java 编程技术的一个重要特色。Java 的所有类都是在多线程的思想下定义的，使 Java 编程人员能很方便地开发出具有多线程能同时处理多个任务的应用程序。

6.3.1 线程的基本概念

程序是为了完成特定功能而编写的一组代码，程序是静态的。所谓多任务，指的是在操作系统中同时可运行多个程序。进程是程序的一次执行过程，是多任务系统中进行调度和资源分配的一个基本单位，每个启动的程序都对应着一个进程。

一个程序从开始运行到运行结束，对应着一个进程的创建与消亡。进程是一个动态的概念，每个进程都有其生命周期。

线程是比进程更小的执行单位。一个进程在其执行过程中可以产生多个线程，形成多条执行线索。从运行角度看，每个线程有它产生、存在和消亡的过程，也是一个动态的概念。从线程的编码看，一个线程有它自己的入口和出口，它是一个程序的可顺序执行的代码序列，是一段完成特定功能的代码序列，是一个程序内部的控制流。因此，线程被称为轻量级的进程。

多任务与多线程是两个不同的概念。多任务是指多进程，是指一个操作系统可以同时运行多个程序，即启动多个进程；而多线程是指一个程序中可以同时运行多个不同的线程来执行不同的任务，每个线程都是该程序内部的一个可执行代码序列。

多线程的主要优点如下所述：

①将程序的独立任务划分在多线程中通常要比在单个程序中完成全部任务容易。

②CPU 不会因等待资源而浪费时间。

③从用户的观点看，单处理器上的多线程提供了更快的性能。

6.3.2 线程类

所有 Java 至少包含一个执行线程。从应用程序的观点看，此线程称为 main，是 main 线程在运行应用程序的 main()方法。当异常从 main 线程抛出并没有被应用程序处理时，默认的 JVM 异常处理程序将打印出“Exception in thread main”异常消息。除了 main 线程以外，其他 JVM 线程都在幕后工作。

1. Thread 类

Thread 类提供了多个构造方法，为更灵活地创建并初始化线程对象提供了保证。同时，Thread 类定义了一系列属性与方法，用来控制线程对象的运行。

Thread 类的构造方法如下：

```
public Thread(ThreadGroup group, Runnable target, String name);
```

其中，group 指明该线程所属的线程组；target 是用来执行线程体的目标对象，它必须是实现接口 Runnable 的类的对象，即实现了线程体 run()方法的类的对象；name 为线程名，Java 中的每个线程都有自己的名称，允许为线程指定名称。如果没有 name 参数，Java 自动为创建的线程提供唯一的默认名。

当上述构造方法缺少某个或几个参数时，可分别得到下面的构造方法：

（1）public Thread()；

（2）public Thread(Runnable target)；

（3）public Thread(Runnable target，String name)；

（4）public Thread(String name)；

（5）public Thread(ThreadGroup group，Runnable target)；

（6）public Thread(ThreadGroup group，String name)；

如果构造方法中没有 target 参数，则继承 Thread 类的子类必须继承 Runnable 接口来实现 run()方法。

Thread 类常用的方法如下所述：

（1）public void start()；　　//作用：启动线程。

（2）public void run()；　　//作用：继承 Runnable 接口的空方法，线程体。

（3）public static void sleep（int millsecond）；　　//作用：使线程休眠，单位为毫秒（ms）。

（4）public static Thread currentThread()；　　//作用：返回正在运行的线程对象的引用。

（5）public final String getName()；　　//作用：返回线程名。

（6）public final int getPriority()；　　//作用：返回线程优选级。

（7）publicfinalBoolean isAlive()；　　//作用：判定线程是否处于活动状态。

（8）public static int activeCount()；　　//作用：返回当前线程组中活动线程的个数。

2. Runnable 接口

Runnable 接口只有一个 run()方法，声明如下：

```
Public void run()；
```

run()方法是线程的线程体。创建一个线程并调用 start()方法启动后，一旦被调度获得 CPU 的使用权，Java 的运行时系统就自动调用 run()方法运行线程。一个线程是一个程序内部的一段可执行代码序列，其实就是一个可被运行时系统自动识别并执行的 run()方法。当线程被调度运行时，所执行的就是 run()方法中规定的操作。

一个线程执行的入口是 run()方法。当 run()方法执行完毕后，线程就由执行状态转为消亡状态，即线程对象被释放。

任何实现接口 Runnable 的类的对象都可以作为一个线程的目标对象。由于类 Thread 本身也实现了接口 Runnable，因此在程序中实现多线程有两种方法：一种是继承 Thread 类并覆盖方法 run()；另一种是将实现 Runnable 接口的类的对象作为线程体对象传递给 Thread 类。

6.3.3 创建线程

1. 继承 Thread 类的线程

由于 Thread 类已经实现了 Runnable 接口并把 run()方法实现为空方法，所以可以在定义 Thread 类的子类时，在子类中覆盖 run()方法，并在该方法中编写线程操作的代码，那么 Thread 类的对象（其子类的对象）就是线程对象。在程序中创建该子类的对象实例就是创建线程对象。

创建线程对象后调用 start()方法启动线程。当线程对象被调用时，Java 运行时系统将自动执行 run()方法运行线程。下面的例子使用了继承 Thread 类来实现多线程，其功能是根据随机的休眠时间，每个线程从 0 输出到 9。

```
public class ThreadTest {
    public static void main(String[] args) {
        Thread t1=new subThread("First");           //创建线程 t1
        Thread t2=new subThread("Second");
        t1.start();                                  //启动 t1 线程
        t2.start();
    }
}
class subThread extends Thread {       //继承 Thread 类
    public subThread(String str){
        super(str);
    }
    public void run(){                  //覆盖 run 方法
        for(int i=0;i<10;i++){
            System.out.println(i+" "+getName());
            try{
                sleep((int)(Math.random() * 1000));     //休眠时间
            }catch (InterruptedException e){}
        }
        System.out.println("Finished!"+getName());
    }
}
```

运行程序后发现，每次运行后会得到不同的结果，图 6-7 显示了两次运行的结果。

2. 实现 Runnable 接口的线程

Runnable 接口只有一个方法 run()，需要定义一个类来实现 Runnable 接口并覆盖该方法。将线程要实现相应操作所需的代码写入 run()，然后创建类的对象，即含线程体的目标对象。但是 Runnable 接口本身并没有对线程提供支持，还必须创建 Thread 类的对象，并把目标对象传递给线程的虚拟 CPU（即 Thread 类）来完成线程执行的控制。这个工作通过 Thread 类的构造方法实现。

在 Thread 类的几个构造方法中都有一个 target 参数，其中的 target 就是包含 run()方法的线程体目标对象。在初始化一个由 thread 类或 thread 子类创建的线程对象时，把目标对象传递给该线程对象。

```
0 First
0 Second
1 Second
2 Second
1 First
2 First
3 Second
3 First
4 Second
4 First
5 Second
5 First
6 Second
6 First
7 First
7 Second
8 Second
8 First
9 Second
9 First
Finished!Second
Finished!First
```

```
0 First
0 Second
1 Second
1 First
2 Second
3 Second
4 Second
2 First
5 Second
6 Second
7 Second
3 First
4 First
8 Second
5 First
6 First
9 Second
Finished!Second
7 First
8 First
9 First
Finished!First
```

图 6-7　两次运行的结果

下面的例子是一个实现了 Runnable 接口线程的程序，其功能是根据随机的休眠时间，每个线程从 0 输出到 9。

```
public class RunnableTest implements Runnable {   //实现 Runnable 接口
    public String name;    //线程的 name 属性
    public RunnableTest(String name){     //线程的构造方法
        this.name=name;
    }
    public void run() {
        for(int i=0;i<10;i++){
            System.out.println(i+" "+name);
            try{
                Thread.currentThread().sleep((int)(Math.random() * 1000));
                //Runnable 无法提供 sleep 方法,所以使用 Thread 的 sleep 方法
            }catch (InterruptedException e){}
        }
        System.out.println("Finished!"+name);
    }
    public static void main(String[] args) throws InterruptedException {
        RunnableTest r1=new RunnableTest("First");
        RunnableTest r2=new RunnableTest("Second");
        Thread t1=new Thread(r1);
```

```
            Thread t2=new Thread(r2);
            t1.start();
            t2.start();
        }
    }
```

编写完成后运行程序，发现每次运行后都会显示不同的结果。

3. 两种创建线程方法的比较

(1) 继承 Thread 类

这种方法的优点是编写简单，可直接控制线程的运行；主要的缺陷是继承 Thread 的类不能典型示范继承其他类。

(2) 实现 Runnable 接口

该方法的优点在于：将线程的虚拟 CPU、线程体和处理的数据分开，形成了一个比较清晰的模型；最重要的是，包含线程体的类还可以继承其他类。

其缺点在于：只能使用一套代码，即继承 Runnable 接口的类中只能有唯一的一个 run 方法。若想创建多个线程，并使各个线程执行不同的代码，必须另外创建继承 Runnable 的类。如果是这样的话，直接用多个类分别继承 Thread，以实现多个可能不同的线程会更简洁。

6.3.4 线程的状态和生命周期

线程是程序内部的一个顺序控制流，有其生命周期。在一个线程的生命周期中，它总处于某一种状态中。线程的状态表示了线程正在进行的活动以及在这段时间内线程能完成的任务。按照线程体在系统内存中的不同状态，将线程分为创建、就绪、运行中、阻塞和消亡五种状态。一个线程在每一时刻总处于其中的某一状态。

图 6-8 显示了 Java 线程所具有的不同状态及各状态间进行转换所需调用的方法。

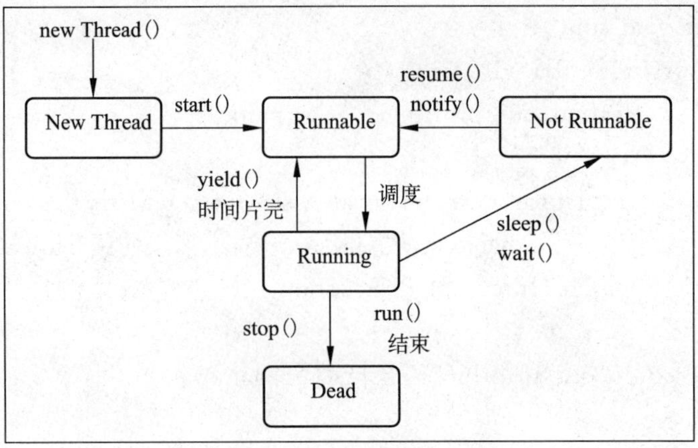

图 6-8 线程状态转换图

1. 创建状态（New Thread）

当创建了一个新的线程对象时，它就处于创建状态，此时的线程仅仅是一个空的线程对象，系统不为它分配资源。

2. 就绪状态（Runnable）

处于创建状态的线程，调用start()方法启动后，系统为该线程分配除CPU以外所需的系统资源，使其处于就绪状态（或运行状态），此时的线程实际上并未真正运行，而是排队等待CPU调度。由于在单CPU的计算机中，在同一时刻处于运行状态的线程只有一个，Java运行时，系统通过调度来保证程序中的线程共享CPU。

3. 运行中状态（Running）

Java运行时，系统通过调度选中一个处于就绪队列里的线程，使其占有CPU并转为运行中状态（Running）；对处于Running状态的线程，此时系统正在执行该线程的run()方法。对于单CPU计算机系统，在同一时刻处于运行中状态的线程只有一个。

4. 阻塞状态（Not Runnable）

对于一个处于Running状态的线程，因为某种原因而中断运行，让出CPU的使用权，暂时中止其运行进入阻塞状态。进入阻塞状态的线程在引起中断的原因消除后，再次转入就绪状态，重新进入线程就绪队列等待CPU的调度。引起线程进入阻塞状态的原因有多种，如调用sleep()方法，调用了wait()方法，或等待输入/输出操作完成等。

5. 消亡状态（Dead）

线程的运行结束后处于消亡状态，处于该状态的线程不具有继续运行的能力。使线程处于消亡状态的原因有两种：一是线程的线程体执行完毕而自然消亡；另一个原因是线程被提前强制性终止，调用线程的实例方法stop()可强制终止处于运行中的线程。

6.3.5 线程间通信

1. 同步机制的实现

为了解决线程对共享资源访问的确定性，需要寻找一种机制来保证对共享数据操作的完整性，这种机制称为共享数据操作的同步。在Java语言中，引入了“对象互斥锁”（又称为监视器、管程）来实现不同线程对共享数据的同步。“对象互斥锁”可以效地阻止多个线程同时访问一个共享资源。

用关键字synhronized来声明在一个时间只能由一个线程可以访问的共享资源或可以执行一个方法。synhronized有两种用法：锁定一个共享对象，锁定一个方法。

(1) 锁定一个对象

格式如下所示：

```
synchronized(〈对明名〉){
    代码段;//代码临界区
}
```

关键字synchronized为共享对象设置了一个锁，并在一个访问共享对象的方法中创建了一个代码临界区。所谓临界区，是指程序不能被多个线程同时执行的代码段。当线程进入临界区之前，即执行临界区代码前，它必须首先获得该对象的锁。

一个线程要进入 synchronized 声明临界区码，运行时系统会检查是否有其他线程共享对象的锁。如果没有其他线程控制着共享对象的锁，Java 运行时系统就将该对象的锁授予请求线程并允许它进入临界区。如果有其他线程控制着锁，请求线程必须等待，直到当前线程离开临界区并释放所持有的锁后，请求线程才有机会获得锁，并进入临界区。

只有获得锁的线程才能执行临界区代码访问该共享对象，直到该线程访问完成后才释放所持有的锁（当前线程离开临界区，锁自动释放），其他线程才能够访问加锁的共享资源。在等待时，线程处于阻塞状态。这种同步方法可实现多个线程多个对象的互斥访问，即在一个时刻只能有一个线程进入临界区访问被锁定的对象（共享资源），保证了线程对共享数据操作的完整性。

（2）锁定一个方法

线程共享的资源不仅仅是一个对象，也可以是一个变量或一个方法。用 synchronized 声明的方法是互斥方法，即一个时刻只能有一个线程可以执行该方法，其整个方法体为临界区代码。如果 synchronized 用在类声明，表明该类中的所有方法都是互斥方法。格式如下所示：

```
synchronized(<方法声明>){
    代码段；   //代码临界区
}
或
<方法声明>
synchronized(this){
    代码段；//代码临界区
}
```

2. 线程间通信的实现

为实现线程之间的通信，java. lang. Object 类提供了以下三种方法：

（1）wait()方法：作用是阻塞当前正在运行的线程，使其进入锁等待队列，同时主动释放已持有的锁。

（2）notify()方法：作用是唤醒锁等队列中（阻塞状态中）的一个线程，并把它移入锁申请的就绪队列。

（3）notifyAll()方法：作用是唤醒锁等队列中（阻塞状态中）的所有线程，并把它们移入锁申请的就绪队列。

wait()和 notify()这两个方法要配套使用，运行中的线程因调用 wait()而阻塞，只有被当前正在执行的线程调用 notify()方法才可重新进入锁申请的就绪队列。

控制线程运行的所有方法都隶属于 Thread 类，只有这三个方法继承于 Object 类，所有的对象都拥有这三个方法。因为调用这三个方法可阻塞正在运行的线程，并释放其持有的共享对象的锁，而锁是任何对象都具有的。

调用任意对象的 wait()方法都会使运行中的线程进入阻塞状态，并且释放持有该对象的锁；调用任意对象的 notify()方法，将会唤醒一个因调用该对象的 wait()方法而进入锁等待状态的阻塞队列中的线程。

这两个方法（wait()方法和 notify()方法）必须在 synchronized 设置的方法或块中调用，即必须在互斥方法的临界区代码段中调用，因为只有在临界区中执行的当前线程才占有锁，才有锁可以释放。

同样的道理，调用这一对方法的对象必须为当前正在运行的、拥有锁的线程对象，这样才有锁可以释放；否则，程序虽然能编译，但在运行时会出现 IllegalMonitorStateException 异常。

notify()方法和 notifyAll()唯一的区别在于，调用 notifyAll()方法将把因调用该对象的 wait()方法而进入阻塞队列的所有线程一次性全部解放并进入就绪队列。当然，只有获得锁的那一个线程才能真正地运行。

下面是一个简单的线程间通信的例子，由四个文件组成。

(1) Storage. java 类文件

```
public class Storage {
    private int r;
    private boolean isEmpty=true;

    synchronized void put(int i){
        while(! isEmpty){
            try{
                this. wait();
            }catch(InterruptedException e){System. out. println(e. getMes-
                                                        sage());}
        }
        r=i;
        isEmpty=false;
        notify();
    }
    synchronized int get(){
        while(isEmpty){
            try{
                this. wait();
            }catch(InterruptedException e){System. out. println(e. getMes-
                                                        sage());}
        }
        isEmpty=true;
        notify();
        return r;
    }
}
```

（2）Generate. java 类文件

```
public class Generate extends Thread{
    private Storage s;
    public Generate(Storage s){
        this. s=s;
    }
    public void run(){
        for(int i=1;i<6;i++){
            s. put(i);
            System. out. println("Generate : "+i);
        }
    }
}
```

（3）Receive. java 类文件

```
public class Receive extends Thread{
    private Storage s;
    public Receive(Storage s){
        this. s=s;
    }
    public void run(){
        for(int i=1;i<6;i++){
            System. out. println("\t\t Consume get: "+s. get());
        }
    }
}
```

（4）Demo. java 类文件

```
public class Demo {
    public static void main(String args[]){
        Storage s=new Storage();
        Generate g=new Generate(s);
        Receive  r=new Receive(s);
        g. start();
        r. start();
    }
}
```

6.3.6　随机函数

随机函数可以通过调用 java. lang. Math. random()得到，该方法返回一个 0.0（包括 0.0）～1.0（不包括 1.0）之间的双精度浮点数值。该方法的返回值表示一个伪随机数，不是真正的随机数。因为它是通过数学算法产生的，而不是通过真正的随机源产生的。

Math. random()的返回值在 0.0 到接近 1.0 之间分布均匀。若要产生一个 1～10 之间的随机数，通过下述代码实现：

```
int value=(int)(Math.random() * 10)+1;
```

代码中的 Math. random()方法返回了一个在 0.0 至接近 1.0 之间的随机数。随机数通过乘以 10 获得的值位于 0.0 到接近 10.0 之间，结果通过 int 强制转换为整型数值，产生一个 0～9 之间 的整数。最后，结果加上 1，使整型量的取值范围变为 1～10。所以，要想取得［a，b］之间的数值，通过以下表达式来完成：

```
(Math.ramdon() * a)+b;
```

6.4　高 阶 案 例

本案例要求在初阶案例的基础上，运用多线程方面的相关知识进行修改，进一步完善程序功能。

6.4.1　案例简介

在高阶案例中引入多线程，在初阶案例的基础上进行扩展，设计并开发出一个模拟赛马比赛的游戏程序。图 6-9 所示是程序启动时的效果，单击“开始”按钮后，显示如图 6-10 所示的结果，每一匹“马”都使用一个单独的线程独立运行，所以每次运行的结果可能不一样。当所有的“马”比赛完成后，程序运行完成，弹出如图 6-11 所示的提示；同时在控制台显示比赛结果，如图 6-12 所示。

图 6-9　H _ Racing 程序启动后的运行结果

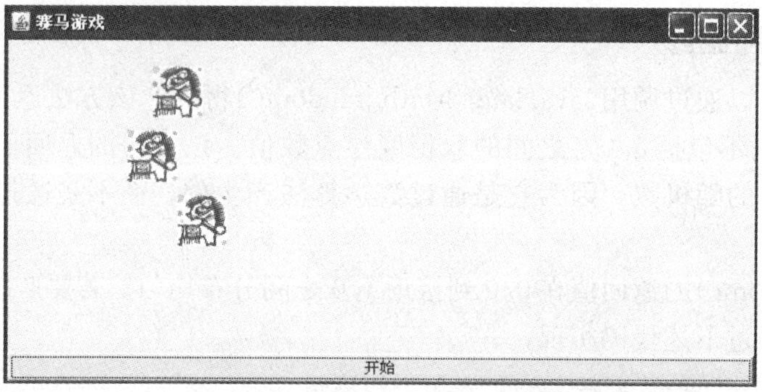

图 6-10　单击“开始”按钮后的运行结果

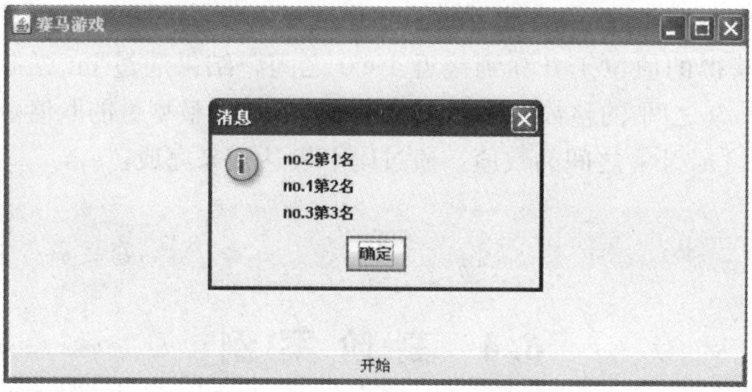

图 6-11　赛跑完成后的运行结果

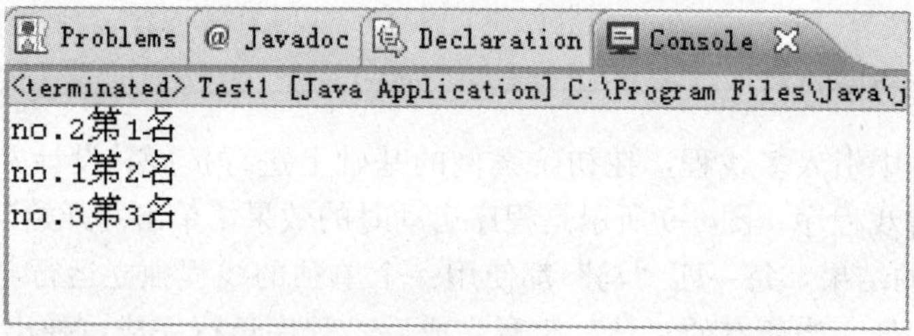

图 6-12　H _ Racing 程序赛跑完成后，在控制台的运行结果

6.4.2　案例程序设计

在 Eclipse 中建立一个项目，名称为 Horse _ Racing；并在项目中建立一个文件包（Package），名为 com；然后，在上述文件包中建立以下类。

1. 赛马类程序 Horse _ model. java 主要代码清单

```
package com;
public class Horse_model extends Thread {
        Mframe frame;
        String Horse_num;
        String horse_name;
    public Horse_model(String name,Mframe frame,String Horse_num){
```

```
                                        //构造一匹赛马，指定其名称和场地
        super(name);
        horse_name=name;
        this.frame=frame;
         this.Horse_num=Horse_num;
    }
    public void run(){
        for(int i=0;i<500;){   //画赛马图像，其横坐标 X 从 0 至 770 逐渐
                               //增大
            frame.setHor_num(Horse_num);
            frame.setX(i);//设置 X 坐标
            try {
                int sleepTimer=(int)(Math.random() * 1000)+1;
                Thread.sleep(sleepTimer);
            //让赛马休眠 sleepTimer 时间，该时间为 1～100 之间的随机值
                } catch (InterruptedException e) {
                        e.printStackTrace();
                }
                frame.repaint();//根据新的 X 值重绘赛马
                i+=20;                  //赛马的步调以 2 自增
            }
                frame.append(horse_name);
            //将该匹赛马成绩计入成绩统计表，即 frame 里定义的数组里
    }
}
```

2. 窗口布局程序 Mframe.java 主要代码清单

```
……
public class Mframe extends JFrame {
    int x1;
    int y1=50;      //定义 1 号马的横、纵坐标，以下同
    int x2;
    int y2=100;
    int x3;
    int y3=150;
    String[] names=new String[3];//定义一个数组用于存放比赛名次
    String hor_num;
    String str="";
```

```

    public String getHor_num() {
        return hor_num;
    }
    public void setHor_num(String hor_num) {
        this.hor_num = hor_num;
    }
    public Mframe(){
        super("赛马游戏");
        setLocation(40, 40);
        setSize(600,300);
        setVisible(true);
        setDefaultCloseOperation(JFrame.EXIT_ON_CLOSE);
    }
    public void paint(Graphics g) {
        super.paint(g);
        Image img=getToolkit().getImage("5.gif");
        g.drawImage(img, x1, y1, null, this);
        g.drawImage(img, x2, y2, null, this);
        g.drawImage(img, x3, y3, null, this);
    }
    public void setX(int x){
        if(hor_num=="1") {this.x1=x;}
        if(hor_num=="2") {this.x2=x;}
        if(hor_num=="3") {this.x3=x;}
    }
    public void append(String name)
            {//将每个到达终点的赛马及其成绩计入比赛成绩(放入数组中)
        for(int i=0;i<names.length;i++){
            if(names[i]==null){
                names[i]=name;
                System.out.println(name+"第"+(int)(i+1)+"名");
                str+=name+"第"+(int)(i+1)+"名"+"\n";
                if (i<names.length-1) break;
                JOptionPane.showMessageDialog(this, str);
                break;
            }
        }
    }
```

```
        public String getStr() {
            return str;
        }
    }
```

3. 赛马主程序 H _ Racing. java 主要代码清单

```
……
    public class H_Racing {

        Mframe frame=new Mframe();  //定义一个面板,作为赛马场地

        Horse_model horse1=new Horse_model("no. 1",frame,"1");
        Horse_model horse2=new Horse_model("no. 2",frame,"2");
        Horse_model horse3=new Horse_model("no. 3",frame,"3");

……
        public static void main(String[] args){
            Test1 t=new Test1();
            t. begin();//定义游戏类,执行 begin 方法
        }

        public void begin(){
            Button button=new Button("开始");//定义一个"开始"按钮
            frame. add(button,BorderLayout. SOUTH);//将按钮添加在赛场的
                                                    //南边
            button. addActionListener(new Listener());//为按钮添加监听器
        }

        class Listener implements ActionListener{  //定义一个监听器,用于监听
                                                    //"开始"按钮
            public void actionPerformed(ActionEvent e){
                horse1. start();

                horse2. start();
                horse3. start();
            }
        }
    }
```

本章实训

1. 实训目的

(1) 了解Java多线程的程序设计方法，掌握多线程程序的编程技巧。

(2) 掌握图形用户界面的编程，以及图形设计等。

(3) 掌握Java线程间通信的相关知识。

2. 实训内容

更改赛马程序，使第一名赛马到达后，其他赛马结束赛跑。

3. 实训步骤

(1) 在Eclipse中新建项目、包并添加类文件。

(2) 在项目中添加一个共享资源Goal，当第一匹马到达终点后，使其标志位置为false。当其他赛马得知标志位为false时，进入阻塞状态，从而停止前进。

关键代码如下所示：

(1) Goal.java主要代码清单

```
public class Goal {
    private boolean isArrived=false;
    synchronized void judge(){
        if(isArrived){
            try{
                this.wait();
            }catch(InterruptedException e){System.out.println(e.getMes-
                                            sage());}
        }
    }
    public boolean isArrived() {……}
    public void setArrived(boolean isArrived) {……}
}
```

(2) Horse_model.java主要代码清单

```
public class Horse_model extends Thread {
    Mframe frame;
    String Horse_num;
    String horse_name;
    Goal s;
    public Horse_model(String name,Mframe frame,String Horse_num,Goal
s){
```

```
        ……
        this.s=s;
    }
    public void run(){
        for(int i=0;i<450;){//画赛马图像，其横坐标X从0至450逐渐增大
            s.judge();
            ……
            i+=20;
            }
        s.setArrived(true);
        }
}
```

(3) Demo.java 主要代码清单

```
public class Demo {
    public static void main(String[] args){
        Mframe frame=new Mframe();      //定义一个面板，作为赛马场地
        Goal s=new Goal();              //设置通信的共享资源
        Horse_model horse1=new Horse_model("no.1",frame,"1",s);
                                        //构造一匹赛马
        Horse_model horse2=new Horse_model("no.2",frame,"2",s);
        Horse_model horse3=new Horse_model("no.3",frame,"3",s);
        horse1.start();                 //赛马线程开始
        horse2.start();
        horse3.start();
}
```

本章小结

通过本章的学习，读者可以了解并掌握有关Java多线程程序设计和数据库编程的基本方法。本章以初阶案例为引导，首先介绍了有关图形和多线程的基础知识，重点讲解了多线程的编程知识。结合前面所讲内容，将初阶案例进行扩展，完成了一个基于多线程的赛马程序。

案例结合了用户界面设计、异常处理、多线程、网络程序设计和数据库编程等多方面的知识和技巧，使读者可以更进一步了解开发一个功能完善的Java程序的基本编程方法和设计思想。

课外阅读

线程与进程

简单地说，你每启动一个程序，就启动了一个进程。在 Windows 3.x 下，进程是最小运行单位。在 Windows 95/NT 下，每个进程还可以启动几个线程，比如每下载一个文件，可以单独开一个线程。在 Windows 95/NT 下，线程也是最小单位。Windows 的多任务特性使得线程之间独立运行，但是它们彼此共享虚拟空间，也就是共用变量。线程有可能同时操作一片内存。

多线程共存于应用程序中是现代操作系统的基本特征和重要标志。用过 UNIX 操作系统的读者都知道进程。在 UNIX 操作系统中，每个应用程序在执行时都在操作系统内核中登记一个进程标志，操作系统根据分配的标志对应用程序的执行进行调度和系统资源分配。但进程和线程有什么区别呢？进程和线程都是由操作系统运行的基本单元，系统利用该基本单元实现系统对应用的并发性。

进程和线程的区别有以下几点：

线程的划分尺度小于进程，使得多线程程序的并发性高。另外，进程在执行过程中拥有独立的内存单元；而多个线程共享内存，从而极大地提高了程序的运行效率。线程在执行过程中与进程是有区别的。每个独立的线程有一个程序运行的入口、顺序执行序列和程序的出口。但是线程不能够独立执行，必须依存在应用程序中，由应用程序提供多个线程执行控制。

从逻辑角度来看，多线程的意义是在一个应用程序中，有多个执行部分可以同时执行。但操作系统没有将多个线程看作多个独立的应用，来实现进程的调度和管理以及资源分配。这是进程和线程的重要区别。

进程（Process）是最初定义在 UNIX 等多用户、多任务操作系统环境下用于表示应用程序在内存环境中基本执行单元的概念。以 UNIX 操作系统为例，进程是 UNIX 操作系统环境中的基本成分，是系统资源分配的基本单位。UNIX 操作系统中完成的几乎所有用户管理和资源分配等工作都是通过操作系统对应用程序进程的控制来实现的。

C、C++、Java 等语言编写的源程序经相应的编译器编译成可执行文件后，提交给计算机处理器运行。这时，处在可执行状态中的应用程序称为进程。

从用户角度来看，进程是应用程序的一个执行过程。从操作系统核心角度来看，进程代表的是操作系统分配的内存、CPU 时间片等资源的基本单位，是为正在运行的程序提供的运行环境。进程与应用程序的区别在于应用程序作为一个静态文件存储在计算机系统的硬盘等存储空间中，进程则是处于动态条件下由操作系统维护的系统资源管理实体。在多任务环境下，应用程序进程的主要特点包括：

(1) 进程在执行过程中有内存单元的初始入口点，并且进程存活过程中始终拥有独立的内存地址空间。

(2) 进程的生存期状态包括创建、就绪、运行、阻塞和死亡等类型。

(3) 从应用程序进程在执行过程中向 CPU 发出的运行指令形式不同，将进程的状态分为用户态和核心态。处于用户态下的进程执行的是应用程序指令，处于核心态下的应用程序进程执行的是操作系统指令。

在 UNIX 操作系统启动过程中，系统自动创建 swapper、init 等系统进程，用于管理内存资源，以及对用户进程进行调度等。在 UNIX 环境下，无论是由操作系统创建的进程，还是由应用程序执行创建的进程，均拥有唯一的进程标识（PID）。

另外，相对进程而言，线程是一个更加接近于执行体的概念，它可以与同进程中的其他线程共享数据，但拥有自己的栈空间，拥有独立的执行序列。在串行程序基础上引入线程和进程是为了提高程序的并发度，从而提高程序运行效率和响应时间。线程和进程在使用上各有优缺点：线程执行开销小，但不利于资源的管理和保护；而进程正相反。同时，线程适合于在 SMP 机器上运行，进程则可以跨机器迁移。

资料来源：http：//bbs.51testing.com/thread-91678-1-1.html（软件测试论谈）

课后作业

修改扩展实例，增加 2 匹赛马，并在出现前三名之后，结束比赛。

第 7 章　网络即时通信

本章引言

随着计算机网络的发展，网络通信，尤其是网络即时通信，已成为人们日常工作和生活中不可缺少的技术之一。本章根据使用技术的深浅不同，给出了两个网络即时通信编程的案例。

在初阶案例中，使用网络程序设计的基础知识，设计并开发一个简单的网络即时通信程序 JavaQQ 1.0。本程序支持一个服务端程序和一个客户端程序的网络即时通信要求，运行效果如图 7-1 和图 7-2 所示。

图 7-1　JavaQQ 1.0 的客户端程序主窗口

图 7-2　JavaQQ 1.0 的服务器端程序主窗口

在高阶案例中引入了数据库的应用，使用开源数据库 MySQL，并结合网络通信技术，使得即时通信程序可以扩展成为多客户端，如图 7-3 所示。图中显示了两个用户 tom 和 jerry 的客户端界面。另外，由于支持多客户端，客户端程序还增加了用户注册和用户登录功能。

为了更好地学习和理解本章所讲解的内容，读者在学习之前，最好能够运行两个案例，了解其运行效果，并简单浏览其源代码。

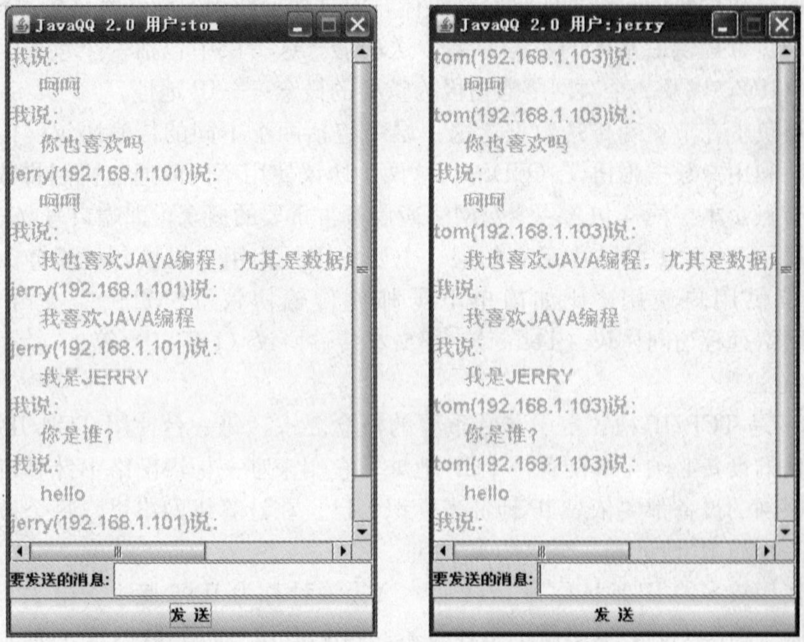

图 7-3　JavaQQ 2.0 基于不同用户的客户端界面

7.1　网络程序设计

网络技术是现代计算机技术中非常重要的环节之一，Java 作为一种非常流行的高级程序设计语言，对网络的支持是必不可少的。

7.1.1　网络程序设计基础

网络中的通信以协议为基础，协议的种类很多，其中最重要的就是 TCP/IP 协议集，它是在 Internet 网络中最常使用的协议集。

1. TCP/IP 协议集

TCP/IP 协议集由数十种各类协议组成，这些协议分属在四个层次上，如图 7-4 所示。

应用层 （包括 HTTP、FTP 等协议）
传输层 （TCP 和 UDP 协议）
网际层 （IP 协议）
网络接口层

图 7-4　TCP/IP 协议集的四个层次

网络接口层是 TCP/IP 协议中最低的一层，主要作用是为底层的硬件设备提供驱动，支持底层数据通信，管理实际网络媒体，定义如何使用实际网络来传送数据。

网际层负责提供最基本的数据封装传送功能。这一层中包括一个重要的协议——网际协议（IP），以及一个对网络通信极为重要的概念——IP 地址。

传输层负责在节点间传送数据，这一层中包括两个不同的传输协议：传输控制协议（TCP）和用户数据报协议（UDP），这两个协议使用不同的通信机制将数据包传输给另一个节点。本层同样包含一个对网络通信非常重要的概念，即端口号（Port）。

应用层是 TCP/IP 协议中最高的层，主要作用是为用户提供各种服务。本层中包含许多协议供用户使用，比如简单电子邮件传输协议（SMTP）、文件传输协议（FTP）、网络远程访问协议（Telnet）、超文本传输协议（HTTP）等。

2. IP 地址

IP 地址是 TCP/IP 协议集中非常重要的概念之一，每一台使用 TCP/IP 协议集进行网络通信的设备必须至少配置一个 IP 地址，它用来唯一标识网络中计算机的逻辑地址，每台联网的设备都要依靠 IP 地址来标识自己。在计算机网络里，每个被传输的数据包包括一个源 IP 地址和一个目的 IP 地址。

现在使用较多的 IP 地址称为 IPv4 版本（另一种称为 IPv6 版本，由 128 位二进制数组成，限于篇幅原因，这里就不赘述了），它由 32 位二进制数组成。为了方便识别和记忆，一般采用“点分十进制数”的方式来表示，即将 32 位二进制数分为四个部分，每部分由 8 位组成，表示时将其转换为十进制数，由于 2 的 8 次方为 256，因此每个部分能表示的范围是 0（二进制数的 00000000）～255（二进制数的 11111111），每个部分之间用“.”分隔。比如，210.82.53.1。

IP 地址根据使用范围和用途，一般分为五大类，即 A、B、C、D 和 E 类。其中，A、B 和 C 类是用户可以使用的 IP 地址。A 类 IP 地址的使用范围是 1.0.0.0～126.255.255.255；B 类 IP 地址的使用范围是 128.0.0.0～191.255.255.255；C 类 IP 地址的使用范围是 192.0.0.0～223.255.255.255。

在这些 IP 地址范围内，有 3 块 IP 地址空间作为私有 IP 地址使用，这些 IP 地址可以在网络中使用，但只能在私有的局域网中使用，不能连接到 Internet 上。这些地址包括 1 个 A 类地址段，16 个 B 类地址段和 256 个 C 类地址段，范围分别是 10.0.0.0～10.255.255.255、172.16.0.0～172.31.255.255 和 192.168.0.0～192.168.255.255。

除此之外，还有一个地址段比较特殊，称为环回地址，地址段为 127.0.0.1～127.255.255.255（经常使用 127.0.0.1），表示本机自己，主要是在环回测试和广播测试时使用。不管本机的网络环境是否正常，只要正确地安装了网络驱动程序，环回地址都可以被使用。在基础实例中，服务器端与客户端的 IP 地址使用的都是环回地址。

D 类和 E 类 IP 地址有特殊的应用。D 类地址称为组播地址，供特殊协议向选定的节点发送信息时用，E 类地址则保留给将来使用。

3. TCP 与 UDP

在 TCP/IP 协议集的传输层中有两种传输方式，分别对应两个协议，即 TCP 和 UDP。

TCP（Transmission Control Protocol）称为传输控制协议，是一种面向连接的协

议，可以提供可靠的、基于字节流的传输服务。

面向连接意味着两个使用TCP的网络设备在彼此交换数据之前必须先建立一个TCP连接，这一过程与打电话类似，先要拨号振铃，等待对方摘机准备好通话后，两端才可以正式通信。

由于TCP在通信之前需要建立连接，通信结束后需要撤销连接，因此通信速度比较慢，而且占用网络设备的大量资源。另外，在一个TCP连接中，仅有建立连接的两方能够通信。但是由于其先建立连接再传输数据，因此数据的传输是可靠的、有序的。

UDP（User Datagram Protocol）称为用户数据报协议，是一种面向非连接的协议。传输数据之前，发送端和接收端不需要建立连接。想要传送时，简单地将数据发送到网络上即可。

由于使用UDP传输数据时不需要建立连接，因此不需要维护连接状态，包括收、发状态等，节省了设备资源。UDP传送数据的速度仅仅受应用程序生成数据或接收数据的速度、设备的运算能力和传输带宽限制。另外，UDP可以使一台源设备同时向多个接收设备传输相同的数据。

UDP比TCP的传输速度快，也比较节省资源，但是由于其不建立连接就传输数据，因此不保证可靠、有序地将数据传送给接收端。

需要注意，TCP和UDP只负责将数据发送给对方，对于数据的内容或格式，需要用户自行定义。

4. 端口号与套接字

一台计算机在同一时刻可能需要连接多台其他的网络设备，如果只使用IP地址，无法区分每个连接，这就引入了一个新的概念，即端口号（Port）。端口号的使用在TCP/IP协议集的传输层中，由于传输层中有两个协议，即TCP和UDP协议，因此端口号被分为TCP端口和UDP端口。

计算机同网络的每一个连接都使用不同的端口号，服务器提供的每一个服务也都使用不同的端口号予以区分。端口号用一个整数表示，范围是0～65535，其中前1024个端口号被各种服务所使用，用户一般不能使用，这些端口号称为知名端口（Well-Known Ports）。在Windows系列操作系统中，%SystemRoot%\system32\drivers\etc\services文件中记录了服务、端口和传输层协议间的对应关系。表7-1列举了一些比较常用的服务协议及其端口号的对应关系。

表7-1 常用的服务协议及其端口号的对应关系表

服务（协议）名称	传输层协议	端口号
Telnet（远程终端服务）	TCP	23
SMTP（简单邮件传输协议）	TCP	25
HTTP（超文本传输协议）	TCP	80
POP3（邮局协议第三版）	TCP	110
NTP（网络时间协议）	UDP	123
SNMP（简单网络管理协议）	UDP	161

在网络通信过程中，为了使两台网络设备之间正确连接和传输数据，每个网络设

备上都需要使用一个称为套接字（Socket）的接口，它一般是由设备的 IP 地址和一个端口号组成。在使用时，一般服务器端套接字中的端口号是固定不变的，而客户机套接字中的端口号是随机生成的。

7.1.2 基于 TCP 的网络程序设计

在 Java 中使用 TCP 进行网络连接时，必须要在服务器端和客户端分别创建套接字，然后使用指定的方法进行连接和通信。使用完毕后，需要关闭已经打开的套接字，步骤如图 7-5 所示。

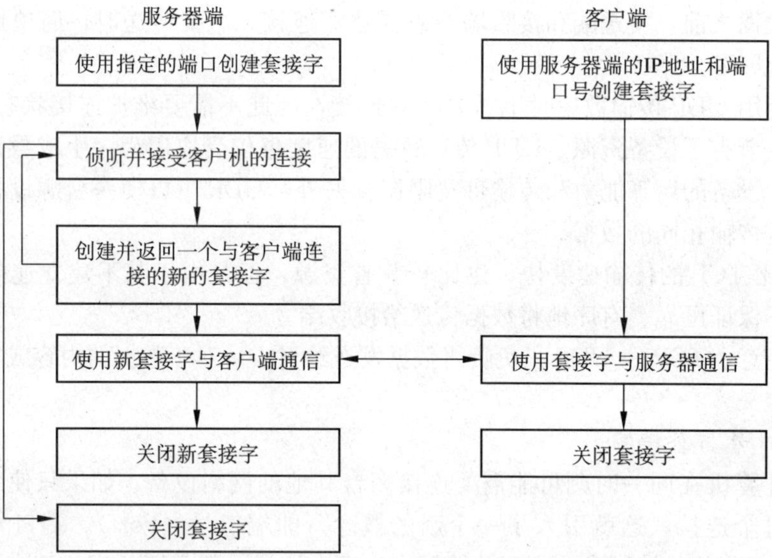

图 7-5 Java 中使用 TCP 进行网络连接的步骤

1. 服务器套接字

服务器端使用 java.net 包中提供的 ServerSocket 类实现服务器套接字，java.net 包中提供了几乎所有有关网络的类和接口。服务器套接字有四个构造方法，表 7-2 中列出了构造方法的使用方法及相应的说明。

表 7-2 ServerSocket 类的四种构造方法及其说明

构造方法	说 明
ServerSocket()	创建非绑定服务器套接字，没有与任何一个端口绑定。创建完成后，必须使用 bind()方法将套接字与特定的 IP 地址和端口号绑定
ServerSocket(int port)	创建绑定到特定端口的服务器套接字。如果端口号为 0，表示可以在某一个空闲的端口上创建套接字
ServerSocket(int port, int backlog)	利用指定的最大队列长度值创建服务器套接字，并将其绑定到指定的本地端口号。其中，backlog 参数表示最大连接队列长度。如果队列满（即连接数大于 backlog），则拒绝以后的连接
ServerSocket(int port, int backlog, InetAddress bindAddr)	使用指定的端口、最大队列长度值和要绑定到的本地 IP 地址创建服务器套接字。InetAddress 类表示互联网协议（IP）地址

下面的语句使用 ServerSocket()定义了一个服务器套接字，使用“12240”作为服务器端的指定端口。

```
private static ServerSocket server; //定义一个服务器套接字对象
server=new ServerSocket(12240); //创建服务器套接字
```

需要注意，指定端口应该没有被其他应用程序占用。如果其他应用程序使用了这个端口，服务器端程序在启动运行时会抛出 BindException 异常。捕获并显示此异常的对话框如图 7-6 所示。

图 7-6　显示端口地址已经被使用的异常信息对话框

服务器套接字创建成功后，使用 accept()方法等待客户端通过网络的连接请求，如下面的语句所示：

```
private static Socket client; //定义一个 Socket 类的对象,名称为 client
client=server.accept(); //等待接收客户端的连接,并创建与客户端连接的套接字
```

accept()方法没有参数，它一旦被执行，就一直阻塞，直到有客户端发送一个连接请求给服务器，才解除阻塞，并返回一个已经与客户端建立了连接的使用 Socket 类实现的新套接字。

通过操作系统提供的网络连接状态查看命令 netstat-a，如图 7-7 所示，可以看到服务器有两个连接，都是使用 12240 端口（图中方框处）。其中一个的状态是“LISTENING”，表示继续监听其他客户机的连接，使用的就是服务器套接字；另一个的状态是“ESTABLISHED”，表示已经与 IP 地址为 127.0.0.1 的客户机建立了网络连接，客户端使用的端口号是 1028，使用的是调用 accept()方法后产生的新套接字。

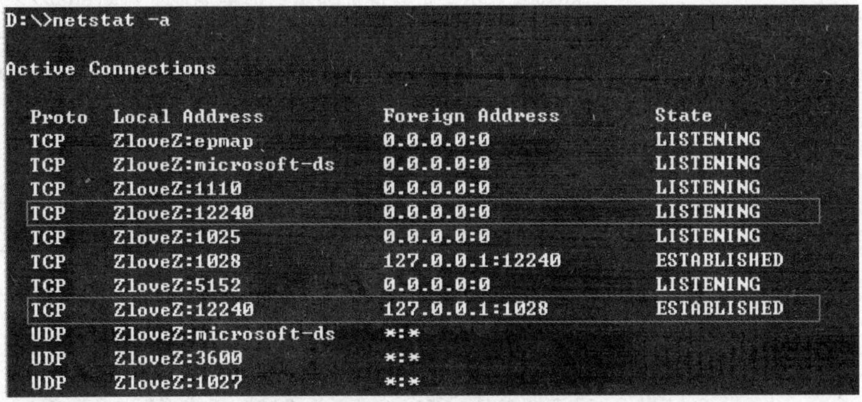

图 7-7　计算机网络连接状态列表

小提示

为了方便调试和查看结果，书中的案例是在同一台计算机中调试运行的，因此在一条 netstat - a 命令中就可以分别看到服务器端程序的网络状态和客户端的网络状态。其中，如图 7-7 所示的上面的红框显示的是服务器状态（其状态是 LISTENING），下面的红框显示的是客户端状态（其状态是 ESTABLISHED）。

服务器端与客户端的连接建立成功后，一般都使用新套接字进行数据通信或是获取信息，而服务器端套接字可以继续进行监听，以便为其他客户机提供连接服务。这种模式称为多客户机对服务器的并发访问。

本章中的初阶案例只完成一台服务器与一台客户机间的通信。对于多客户机的并发访问功能，读者可以参考本章实训中的内容。

程序运行结束，退出时，应当使用 close()方法关闭服务器套接字，如下面的语句所示：

```
server.close();
```

2. 套接字

客户端使用 Socket 类实现套接字，服务器端套接字使用 accept()方法也会产生一个套接字，用于和客户端间的通信。套接字有多个构造方法，表 7-3 中列出了其中常用的五种构造方法及相应的说明。

表 7-3　Socket 类常用的五种构造方法及其说明

构造方法	说　明
Socket()	创建未连接套接字，之后需要使用 connect 方法连接服务器套接字
Socket(InetAddress address, int port)	创建一个流套接字，并将其连接到指定 IP 地址的指定端口号。InetAddress 类表示互联网协议（IP）地址
Socket(InetAddress address, int port, InetAddress localAddr, int localPort)	创建一个套接字，并将其连接到指定远程地址上的指定远程端口。address 参数为远程服务器的 IP 地址，port 为其端口号，localAddr 表示要将套接字绑定到的本地地址，localPort 表示要将套接字绑定到的本地端口
Socket(String host, int port)	创建一个流套接字，并将其连接到指定主机上的指定端口号
Socket(String host, int port, InetAddress localAddr, int localPort)	创建一个套接字，并将其连接到指定远程主机上的指定远程端口。address 参数为远程服务器的 IP 地址，port 为其端口号，localAddr 表示要将套接字绑定到的本地地址，localPort 表示要将套接字绑定到的本地端口

在基础实例中，客户端通过指定的 IP 地址与端口号创建套接字，如下面的语句所示：

```
private static Socket server; //定义 Socket 对象
server= new Socket("127.0.0.1",12240); //创建套接字,其中 IP 地址是127.0.0.1,端口号是 12240
```

服务器端通过使用服务器套接字的 accept()方法创建套接字。如果服务器端没有启动，或用户输入的 IP 地址不正确，套接字将无法正常创建，会抛出相应的异常。

套接字创建成功后，可以进行服务器与客户间的数据通信，还可以通过套接字获取配置信息。例如，可以使用 getInetAddress()方法获取客户端的 IP 地址等信息，如下面的语句所示：

```
String cip;
client=server.accept();
cip=client.getInetAddress().getHostAddress();
```

与服务器套接字一样，在套接字使用完成后，应该使用 close()方法将其关闭。

3. 数据传输

TCP 的通信方式采用流式 I/O 模式，套接字提供了两个流：一个输入流和一个输出流。getInputStream()方法获取输入流，getOutputStream()方法获取输出流。由于这两种方法获取到的都是原始字节流，在输入/输出控制上比较麻烦，因此在程序中使用 java.io 包中提供的 BufferedReader 类和 PrintWriter 类，将原始字节流变为比较好控制的字符缓冲流和字符打印流，如下面的语句所示：

```
private static PrintWriter out;
private static BufferedReader in;
in=new BufferedReader(new InputStreamReader(client.getInputStream()));
out=new PrintWriter(client.getOutputStream());
```

流转换完成后，程序可以使用字符缓冲流中的 readLine()方法读取另一端发送来的信息。

```
str=in.readLine();
```

也可以使用字符打印流中的 println()方法发送信息。需要注意，输出操作在调用 println()方法发送信息后，信息并不一定马上被发送出去，因此在调用该方法后，还需要调用刷新流缓冲的方法 flush()，使信息立即被发送。

```
out.println("Hello,Java");
out.flush();
```

只在两台计算机之间通信，其信息格式可以设计得比较简单，不需要包含额外的内容，只需要传输用户输入的内容。对于一些控制性的信息，可以使用事先定义好的格式内容，比如服务器端向客户端发送服务器程序退出信息“#BYE@SERVER#”和客户端发送的客户程序退出信息“#BYE@CLIENT#”。

I/O 流在使用完毕后，也要使用 close()方法将其关闭。

7.1.3　基于 UDP 的网络程序设计

用户数据报协议（UDP）是一种无连接的通信协议，在传输之前不需要连接，因此其使用比 TCP 方式简单，速度也比较快。数据报包仅根据包中包含的信息从一台机器路由到另一台机器，由于从一台机器发送到另一台机器的多个包可能选择不同的路由，也可能按不同的顺序到达，因此它不对包投递做出任何保证，包括是否能够到达目的端，所有的确认操作必须由用户自己完成。

1. 用户数据报套接字

包 java. net 中提供了两个类 DatagramSocket 和 DatagramPacket 用来支持数据报通信，DatagramSocket 用于在程序之间建立传送数据报的套接字。表 7-4 中列出了其常用的四种构造方法及相应的说明。

表 7-4　DatagramSocket 类常用的四种构造方法及其说明

构造方法	说　明
DatagramSocket()	构造数据报套接字，并将其绑定到本地主机上任何可用的端口上。客户端程序在构造数据报套接字时经常使用这种构造方法
DatagramSocket(int port)	创建数据报套接字，并将其绑定到本地主机上的指定端口。其中，参数 port 指明所使用的端口号。服务器端程序由于需要固定端口号，因此常用这种构造方法
DatagramSocket(int port，InetAddress laddr)	创建数据报套接字，将其绑定到指定的本地地址。InetAddress 类表示互联网协议（IP）地址
DatagramSocket(SocketAddress bindaddr)	创建数据报套接字，将其绑定到指定的本地套接字地址。SocketAddress 类表示不带任何协议附件的套接字地址

使用指定端口号的方式创建数据报套接字时，要保证这个端口号是没有使用过的，即不会发生端口冲突，否则将抛出 SocketException 类异常。注意，这个异常在程序中必须处理。

创建数据报套接字的语句如下所示：

```
DatagramSocket socket= new DatagramSocket()；
```

小提示

一般服务器端在创建数据报套接字时会指定一个固定的端口，以便客户机在发送时使用。客户机在创建数据报套接字时不需要指定端口号，由系统随意指定一个未被使用的端口号。

数据报套接字创建成功后，就可以在服务器和客户机间进行数据的接收和发送操作。由于基于 UDP 的通信方式不需要服务器和客户机在通信之前进行连接，因此在每个发送的数据包里都要包括接收方的 IP 地址和端口号，这些内容和要发送的数据由用户数据报包类 DatagramPacket 封装，然后当做数据报套接字的接收方法 receive()或发送方法 send()的参数使用。

数据报套接字在程序结束的时候也需要使用 close()方法执行关闭操作。

2. 用户数据报包

UDP 在通信时需要传输接收方的 IP 地址、端口号和数据。为了方便应用，Java 提供了一个用户数据报包类 DatagramPacket，它可以将这些内容封装在一起，然后使用 DatagramPacket 类的对象作为传输数据的载体。表 7-5 中列出了其常用的六种构造方法及相应的说明。

表 7-5　DatagramPacket 类常用的六种构造方法及其说明

构造方法	说　明
DatagramPacket(byte[] buf，int length)	构造 DatagramPacket，用来接收长度为 length 的数据包
DatagramPacket(byte[] buf，int length，InetAddress address，int port)	构造数据报包，用来将长度为 length 的包发送到指定主机上的指定端口号
DatagramPacket(byte[] buf，int offset，int length)	构造 DatagramPacket，用来接收长度为 length 的包，在缓冲区中指定了偏移量
DatagramPacket(byte[] buf，int offset，int length，InetAddress address，int port)	构造数据报包，用来将长度为 length 偏移量为 offset 的包发送到指定主机上的指定端口号
DatagramPacket(byte[] buf，int offset，int length，SocketAddress address)	构造数据报包，用来将长度为 length、偏移量为 offset 的包发送到指定主机上的指定端口号
DatagramPacket(byte[] buf，int length，SocketAddress address)	构造数据报包，用来将长度为 length 的包发送到指定主机上的指定端口号

下面的语句定义了一个接收用的用户数据报包，并使用用户数据报套接字的接收方法 receive()接收数据。

```
byte[] buf=new byte[256];// 定义一个用于接收数据的缓冲区
DatagramPacket packet=new DatagramPacket(buf，buf.length)；
socket.receive(packet)；
```

构造一个发送用的用户数据报包时，其参数会多一些，需要指定接收方的 IP 地址和端口号。可以使用 InetAddress 类指定 IP 地址的信息，同时使用一个整数指定端口号；或是使用 SocketAddress 类组合指定 IP 地址和端口号的信息。使用前一种方法构造用户数据报包，并使用用户数据报套接字的发送方法 send()发送数据的语句如下所示：

```
//将 buf 数组中的内容发送到主机 192.168.1.1 的 12240 端口
DatagramPacket packet=new DatagramPacket(buf，buf.length,
        InetAddress.getByName("192.168.1.1")，12240)；
socket.send(packet)；
```

小提示

如果是构造一个接收用的用户数据报包，不需要在参数中指明 IP 地址和端口号；如果是构造一个发送用的用户数据报包，必须要指定接收方的 IP 地址和端口号，以便准确发送。当接收方收到一个用户数据报包后，可以使用用户数据报包的 getAddress()方法获取发送端的 IP 地址，使用 getPort()方法获取发送端的端口号。

在构造发送用的用户数据报包时，要给出 InetAddress 类参数，用于表示互联网协议地址（即 IP 地址）。类 InetAddress 在包 java. net 中定义，可以通过它提供的类方法 getByName()获取该主机的 IP 地址。此方法有一个表示主机名或 IP 地址的字符串类型参数。

7.2 初阶案例

本案例是基于 7.1 节介绍的网络程序设计知识的一个初阶案例，是一个只支持一个服务器端和一个客户端的简单网络即时通信程序。

7.2.1 案例简介

由于涉及网络通信，因此必定要有服务器端和客户端两个部分。

1. 服务器端程序

服务器端程序的功能主要是接受客户端的连接并与客户端通信。服务器端是被动地等待客户端程序的连接，因此需要首先运行服务器端程序。单击服务器端的 JQQServer. java 编辑界面中的“运行”按钮，将显示主窗口，其状态信息显示为“等待 Client 端连接…”，表示还没有客户端程序与其连接，如图 7-8 所示。

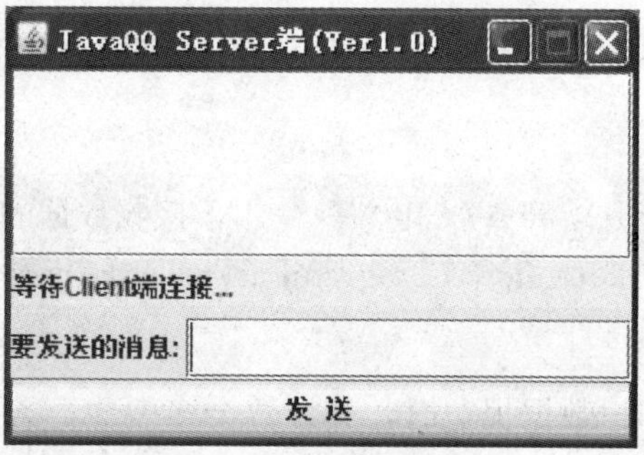

图 7-8 JavaQQ 服务器端等待客户端连接的界面

当客户端启动并正确连接以后，服务器端就可以和客户端通信了。

2. 客户端程序

由于客户端程序是主动与服务器端通信，因此在服务器端程序启动成功后，才可以运行。单击客户端的 JQQClient. java 编辑界面中的“运行”按钮，首先出现如图 7-9 所示的“输入”对话框，用户需要在这里输入服务器端程序所在计算机的 IP 地址，以便客户端程序正确连接。

图 7-9 客户端程序的服务器 IP 地址“输入”对话框

输入完成后，单击“确定”按钮。如果输入的 IP 地址不正确，会显示相应的错误提示，然后退出程序。如果输入的服务器端 IP 地址正确，则可以正确连接服务器端程序，同时服务器端程序的状态信息变为“与客户端（IP：127.0.0.1）连接成功”，客户端程序显示在主窗口。

用户在消息输入框中输入要发送的消息并单击“发送”按钮进行发送。在信息显示区中会显示用户输入的消息和接收对方发送来的消息。客户端程序与服务器端程序通信时的界面如图 7-1 和图 7-2 所示。

为了区别通信时的命令和数据，在程序中定义了一些标识字符串，其名称与说明如表 7-6 所示。

表 7-6　程序中使用的标识字符串及其说明

标识字符串	说　明
#BYE@CLIENT#	客户端退出
#BYE@SERVER#	服务器退出

7.2.2　案例程序设计

在 Eclipse 中分别建立两个项目，一个称为 JQQClient，另一个称为 JQQServer，并分别在项目中建立一个类文件，名称与项目名相同。然后，在类文件中输入相应的程序代码。

1. 客户端程序 JQQClient.java

在 JQQClient 项目下新建一个类文件，名称为 JQQClient.java，然后在其中输入源代码。首先是定义包和导入后面需要用到的类包。

```
package JQQClient;

import java.awt.event.*;
import javax.swing.*;
import java.awt.*;
import java.io.*;
import java.net.*;
```

小提示

为了好看，在一些关联不紧密的程序段落间经常使用空行。有些空行打印出来比较浪费，因此下面源程序中的部分空行没有打印，但行号予以保留。

下面定义主类。由于需要处理一些事件，因此在创建主类的同时引入两个事件处理接口。

```
public class JQQClient implements ActionListener, WindowListener {
                                     //创建类的同时引入两个事件处理接口

```

下面定义控件对象变量，并对一些控件对象进行初始化。这些变量由于在多个函数中都要使用，因此定义为类全局变量。

```
    private static JFrame frame;
    private static JTextArea lists=new JTextArea();
    private static JTextField msg=new JTextField();
    private static JLabel msglabel=new JLabel("要发送的消息：");
    private static JButton send=new JButton("发　送");
    private static JLabel state=new JLabel("连接 Server...");
```

下面定义用于连接服务器端程序的套接字对象变量，以及与服务器端通信的写出与写入对象变量。

```
    private static Socket server;
    private static PrintWriter out;
    private static BufferedReader in;
```

下面编写按钮事件处理过程 actionPerformed()。由于本程序只需要处理发送按钮的单击事件，在后面的代码中只需要注册发送按钮的监听，因此在本过程中没有对事件源进行判断。默认为发送按钮事件。

```
    public void actionPerformed(ActionEvent arg0) {
```

在本过程中，首先判断输入是否为空。如果没有输入任何字符，将不能发送到服务器端。

```
        if(msg.getText().isEmpty()){
            JOptionPane.showMessageDialog(null, "输入不能为空!");
        }
```

如果输入了字符，要先判断输出对象变量是否为空。如果不为空，则把输入的内容写入到 TCP 流中，以便让服务器端程序接收。

```
        else{
            if(out!=null){
                out.println(msg.getText());
                out.flush();
            }
```

将输入的内容加入到显示列表中，并清空输入框中的内容。注意，这里没有考虑 TCP 流的状态，即不管能不能将输入的内容写入到 TCP 流中，都要显示在客户端程序的显示列表中。

```
            lists.insert("        "+ msg.getText()+"\n", 0);
            lists.insert("我说:\n",0);
```

```
                msg. setText(null);
            }
        }
```

下面实现窗口关闭处理过程。在这个过程中，主要完成向服务器端程序发送客户端退出信息，并关闭 TCP 流的读取和写入对象，以及关闭与服务器连接的套接字。

```
        public void windowClosing(WindowEvent arg0) {
            try{
                out. println("#BYE@CLIENT#");
                out. flush();

                if(in! =null){
                    in. close();
                    in=null;
                }
                if(out! =null){
                  out. close();
                    out=null;
                }
                if(server! =null){
                    server. close();
                    server=null;
                }
            }
            catch(Exception e){}
        }
```

虽然没有用到其他事件处理过程，但 Java 中规定其还要以空函数的形式写出来。

```
        public void windowActivated(WindowEvent arg0) {}
        public void windowClosed(WindowEvent arg0) {}
        public void windowDeactivated(WindowEvent arg0) {}
        public void windowDeiconified(WindowEvent arg0) {}
        public void windowIconified(WindowEvent arg0) {}
        public void windowOpened(WindowEvent arg0) {}
```

下面编写类的主过程。

```
        public static void main(String[] args) {
            try{
```

创建 JQQClient 类对象：

```
            JQQClient jqqclient=new JQQClient();
```

使用输入对话框接收用户指定的服务器端 IP 地址，并与端口号（12240）结合，创建套接字。如果创建错误，将抛出异常，并由 catch 后的语句进行处理。

```
            String ip = JOptionPane.showInputDialog("请输入 Server 端 IP
                                                                地址:");
                //获取 Server 端 IP 地址
            server=new Socket(ip,12240);
```

在客户端显示连接成功提示，然后创建 TCP 流的读取和写入对象。

```
            String str;
            state.setText("与服务器(IP:"+ ip+ ")连接成功.");
              in=new BufferedReader(new InputStreamReader(server.getInputStream
                                                ()));
            out=new PrintWriter(server.getOutputStream());
```

循环读取 TCP 流中的数据，直到接收服务器退出信息。

```
            while(true){
            str=in.readLine();
            if(str.equals("#BYE@SERVER#")){
                JOptionPane.showMessageDialog(null, "Server 端退出!");
                 break;
            }
            lists.insert("        "+ str + "\n", 0);
            lists.insert(ip+"说:\n",0);
        }
        System.exit(0);
    }
```

异常处理。这里没有对异常进行详细判断，只是将异常错误以对话框的形式显示出来。

```
        catch(Exception e){
            JOptionPane.showMessageDialog(null, "Main Error:"+e);
        }
    }
```

下面定义了类的构造方法，在其中绘制窗口的界面，并增加相应的事件监听。

```
    public JQQClient(){
```

创建窗口对象，并设置窗口标题和关闭操作。

```
        frame=new JFrame("JavaQQ Client 端(Ver1.0)");
        frame.setDefaultCloseOperation(JFrame.EXIT_ON_CLOSE);
                                                //设置关闭操作
```

对窗口的大小、属性进行设置，并注册窗口监听。

```
        frame.addWindowListener(this);// 注册 Window 监听
        frame.setSize(new Dimension(300,500));
        frame.setResizable(false);// 用户不可调整窗体大小
        frame.setLayout(new BorderLayout());
```

将各种控件放置在窗口上，并设置好各控件的属性。

```
        JPanel msgpanel=new JPanel();
        msgpanel.setLayout(new BorderLayout());
        msgpanel.add(msglabel, BorderLayout.WEST);
        msg.setForeground(Color.BLUE);
        msg.setFont(new Font("SansSerif",Font.BOLD,16));
        msgpanel.add(msg, BorderLayout.CENTER);

        JPanel bottom=new JPanel();
        bottom.setLayout(new GridLayout(3,1));
        bottom.add(state);
        bottom.add(msgpanel);
        bottom.add(send);

        send.addActionListener(this);
        lists.setEnabled(false);//JTextArea 设置为不可用后,其颜色将不能改变
        lists.setFont(new Font("SansSerif",Font.BOLD,16));

        frame.add(new JScrollPane(lists), BorderLayout.CENTER);
        frame.add(bottom, BorderLayout.SOUTH);
        frame.setVisible(true);
    }
}
```

2. 服务器端程序 JQQServer.java

在 JQQServer 项目下新建一个类文件，名称为 JQQServer.java，然后在其中输入

源代码。首先是定义包和导入后面需要用到的类包。

```
package JQQServer;

import java.awt.event.*;
import javax.swing.*;
import java.awt.*;
import java.io.*;
import java.net.*;
```

下面定义主类。由于需要处理一些事件和使用线程，因此在创建主类的同时引入两个事件处理接口和线程接口。

```
public class JQQServer implements ActionListener, WindowListener, Runnable {
```

下面定义控件对象变量，并对一些控件对象进行初始化。这些变量由于在多个函数中都要使用，因此定义为类全局变量。

```
private static JTextArea lists=new JTextArea();
private static JTextField msg=new JTextField();
private static JLabel msglabel=new JLabel("要发送的消息：");
private static JButton send=new JButton("发  送");
private static JLabel state=new JLabel("等待 Client 端连接...");
```

下面定义了一个服务器套接字对象变量，一个用于连接客户端程序的套接字对象变量，和与服务器端通信的写出与写入对象变量。

```
private static ServerSocket server;
private static Socket client;
private static PrintWriter out;
private static BufferedReader in;
```

下面编写按钮事件处理过程 actionPerformed()。由于本程序只需要处理发送按钮的单击事件，在后面的代码中只需要注册发送按钮的监听，因此在本过程中没有对事件源进行判断。默认为发送按钮事件。

```
public void actionPerformed(ActionEvent arg0) {
```

在本过程中，首先判断输入是否为空，如果没有输入任何字符，将不能发送到服务器端。

```
    if(msg.getText().isEmpty()){
```

```
            JOptionPane.showMessageDialog(null, "输入不能为空!");
        }
```

如果输入了字符，先判断输出对象变量是否为空。如果不为空，把输入的内容写入到 TCP 流中，以便让客户端程序接收。然后将输入的内容加入到显示列表中。

```
        else{
            if(out!=null){
                out.println(msg.getText());
                out.flush();
            }
            lists.insert("        "+ msg.getText()+"\n", 0);
            lists.insert("我说:\n",0);
            msg.setText(null);
        }
    }
```

下面实现窗口关闭处理过程。在这个过程中，主要完成向客户端程序发送服务器端退出信息，并关闭 TCP 流的读取和写入对象，以及关闭服务器套接字。

```
    public void windowClosing(WindowEvent arg0) {
        try{
            out.println("#BYE@SERVER#");
            out.flush();
            closeclient();

            if(server!=null){
                server.close();
                server=null;
            }
        }
        catch(Exception e){}
    }
```

虽然没有用到其他事件处理过程，但 Java 中规定其还要以空函数的形式写出来。

```
    public void windowActivated(WindowEvent arg0) {}
    public void windowClosed(WindowEvent arg0) {}
    public void windowDeactivated(WindowEvent arg0) {}
    public void windowDeiconified(WindowEvent arg0) {}
    public void windowIconified(WindowEvent arg0) {}
```

```
    public void windowOpened(WindowEvent arg0) {}
```

下面完成与客户端断开连接的过程，其中主要完成关闭 TCP 流的读入与写出对象，并关闭与客户端连接的套接字。

```
    private static void closeclient(){
        try{
            if(in! =null){
                in. close();
                in=null;
            }
            if(out! =null){
                out. close();
                out=null;
            }
            if(client! =null){
                client. close();
                client=null;
            }
        }
        catch(Exception e){}
    }
```

本类的主过程如下所示：

```
    public static void main(String[] args) {
        try{
```

使用端口号 12240，创建一个服务器套接字。

```
        server=new ServerSocket(12240);
```

创建线程并运行。

```
        Thread t=new Thread(new JQQServer());
        t. start();
```

创建 JQQServer 类对象，并完成初始化工作。

```
            JQQServer jqqserver=new JQQServer();
            jqqserver. InitDialog();
        }
```

异常处理。这里没有对异常进行详细判断，只是将异常错误以对话框的形式显示出来。

```
        catch(Exception e){
            JOptionPane.showMessageDialog(null, "Main Error:"+e);
        }
    }
```

线程的主过程。

```
    public void run(){
        try{
            String cip;
            String str;
```

外层循环，完成等待接收客户端连接的请求，并创建一个客户端套接字对象变量，然后显示连接成功的提示，并创建 TCP 流的读入与写出对象。

```
        while(true){
            client=server.accept();
            cip=client.getInetAddress().getHostAddress();
            state.setText("与客户端(IP:"+ cip+ ")连接成功.");
            in=new BufferedReader(new InputStreamReader(client.getInputStream()));
            out=new PrintWriter(client.getOutputStream());
```

内层循环完成从 TCP 流中读取数据的工作。如果接收到客户端退出，则从内层循环中退出，返回外层循环，并等待接收新的客户端的连接。

```
                while(true){
                    str=in.readLine();
                        if(str.equals("#BYE@CLIENT#")){
                            closeclient();
                            state.setText("等待 Client 端连接...");
                            break;
                        }
                        lists.insert("        "+ str+ "\n", 0);
                        lists.insert(cip+"说:\n",0);
                    }
                }
            }
        catch(Exception e){}
    }
```

```
    public JQQServer(){}
```

定义一个窗体的初始化过程。

```
    public void InitDialog(){
        JFrame frame=new JFrame("JavaQQ Server 端(Ver1.0)");
        frame.setDefaultCloseOperation(JFrame.EXIT_ON_CLOSE);//设置关闭操作
```

对窗口的大小、属性进行设置，并注册窗口监听。

```
        frame.addWindowListener(this);// 注册 Window 监听
        frame.setSize(new Dimension(300,500));
        frame.setResizable(false);// 用户不可调整窗体大小
        frame.setLayout(new BorderLayout());
```

将各种控件放置在窗口上，并设置好各控件的属性。

```
        JPanel msgpanel=new JPanel();
        msgpanel.setLayout(new BorderLayout());
        msgpanel.add(msglabel, BorderLayout.WEST);
        msg.setForeground(Color.BLUE);
        msg.setFont(new Font("SansSerif",Font.BOLD,16));
        msgpanel.add(msg, BorderLayout.CENTER);

        JPanel bottom=new JPanel();
        bottom.setLayout(new GridLayout(3,1));
        bottom.add(state);
        bottom.add(msgpanel);
        bottom.add(send);

        send.addActionListener(this);
        lists.setEnabled(false);// JTextArea 设置为不可用后,其颜色将不能改变
        lists.setFont(new Font("SansSerif",Font.BOLD,16));

        frame.add(new JScrollPane(lists), BorderLayout.CENTER);
        frame.add(bottom, BorderLayout.SOUTH);
        frame.setVisible(true);
    }
}
```

7.3　数据库程序设计

现在比较成熟的网络通信软件都能够较好地管理用户，保存用户信息，还能长期存储用户输入的内容，比如 QQ、MSN 等工具都需要用户注册登录后才能使用，并能够查询以前的通信记录。为了完成这些功能，需要使用数据库。Java 提供了相应的方法连接数据库系统和处理数据。

7.3.1　数据库程序设计基础

数据库系统是一个存储、维护和管理大量数据的软件系统，通常由数据库管理系统、数据库和数据库管理员组成。现在比较流行的数据库有 Oracle、SQL Server、MySQL 和 Access 等。

数据库中最主要的存储对象是数据表，所有的数据都存储在其中。数据表是由行和列组成的一个二维表空间，列中存放了具有相同数值类型的数据。在数据库中，将列称为字段。如果某一个字段中的值是唯一的，此字段可以当做主关键字段用于记录的定位或索引；行中存放了一条由不同数值类型组成的数据集合，用于表示一条完整的信息。在数据库中，将行称为记录。

不同的数据库在规模、管理和安全上有很大的不同，因此为了便于统一操作，出现了一种可以用在任何一种关系型数据库中的语言，称为结构化查询语言。Java 通过使用这种语言方便地访问数据库中的各种数据，对其进行相应的操作。

结构化查询语言（SQL）是一种数据库查询和程序设计语言，用于存取数据以及查询、更新和管理关系型数据库系统。根据实现的功能不同，SQL 语言分为四大类，分述如下：

（1）数据查询语言（DQL）：用于对数据库的数据进行查询操作的 SQL 语言。

（2）数据处理语言（DML）：用于对数据库中的数据进行创建、修改和删除的 SQL 语言。

（3）数据定义语言（DDL）：用于对数据库中的对象进行创建、修改和删除的 SQL 语言。

（4）数据控制语言（DCL）：用于对数据库进行控制和操作的 SQL 语言。

小提示

限于篇幅的原因，本书只对主要的数据查询语言和数据处理语言进行简单讲解，有兴趣深入学习的读者请参阅有关数据库原理或应用的文档资料。

在涉及到访问数据库的 Java 程序设计中，最主要的 SQL 语句主要有以下几种。

1. SELECT

本语句的功能是查询并显示指定条件的记录集，其语法格式是：

```
SELECT〈*|字段名列表〉FROM 表名 WHERE 条件
```

其中，SELECT、FROM 和 WHERE 是关键字，必须正确填写。“*”表示符合条件记录的全部字段内容；“字段名列表”列出需要显示的字段名称，字段名称之间使用逗号分隔；“*”和“字段名列表”必须选择其中之一使用。“表名”指要访问的数据表名称。

查询条件放在 WHERE 语句后的“条件”中。如果有多个查询条件，可以使用“AND”（与）或是“OR”（或）来连接。

下面的 SELECT 语句用于查询 user 数据表中 islogin 字段等于 1 的记录，并显示符合条件的记录的所有字段内容。

```
SELECT * FROM user WHERE islogin=1
```

2. INSERT

本语句的功能是向指定数据表中增加记录，其语法格式是：

```
INSERT INTO 表名(字段列表) VALUES(值列表)
```

INSERT INTO 和 VALUES 是本语句的关键字。“表名”中指定要增加记录的表名称。“(字段列表)”中指定了新增加的记录要包含哪些字段，字段之间需要用逗号分隔。如果包含全部字段，这个部分可以省略不写。“值列表”中给出了与“(字段列表)”对应的值，值与值之间也需要使用逗号分隔。

下面的例子表示向表 user 中增加一条记录，其中 id 字段的值为 001，name 字段的值为 TOM：

```
INSERT INTO user(id,name) VALUES('001','TOM')
```

3. UPDATE

本语句的功能是修改表中指定记录的指定字段的内容，其语法格式是：

```
UPDATE 表名 SET 字段名=值 WHERE 条件
```

UPDATE、SET 和 WHERE 是本语句的关键字。“表名”指定要修改的表的名称；“字段名”指定要修改的字段名称；“值”是需要修改字段的新值；“条件”表示修改条件，只有符合条件的记录才能够修改相应字段。

下面的例子表示将表中 id 号为 001 记录的 name 字段的值改为“Jerry”：

```
UPDATE user SET name='Jerry'WHERE id='001'
```

4. DELETE

本语句的功能是从表中删除指定的记录，其语法格式是：

```
DELETE FROM 表名 WHERE 条件
```

DELETE、FROM 和 WHERE 是本语句的关键表。“表名”指定要删除记录的表。“条件”表示删除条件。

下面的例子表示将表中 id 号为 001 的记录删除：

```
DELETE FROM user WHERE id='001'
```

7.3.2　MySQL 数据库简介

MySQL 是一个中小型关系型数据库管理系统，它由瑞典 MySQLAB 公司开发，在 2008 年初被 Sun 公司收购。由于其体积小、速度快、开发与维护成本低，尤其是开放源码这一特点，许多中小型网站和应用程序为了降低总体成本选择 MySQL 作为数据库，它被广泛地应用在各个领域。

MySQL 最新的版本是 5.1，读者可以到 MySQL 官方站点 http：//www. mysql. com（如图 7-10 所示）下载安装软件和查看相关的文档资料。

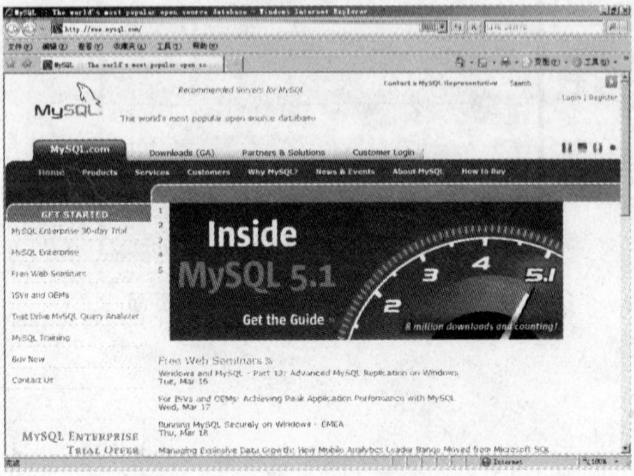

图 7-10　MySQL 官方站点主页

MySQL 一般只提供命令行的操作方式，对于用户来说不是很方便。可以使用 phpMyAdmin 软件，对 MySQL 数据库进行图形化的操作。

phpMyAdmin 的官方网站是 http：//www. phpmyadmin. net（如图 7-11 所示），它是一个免费软件，用户可以自由地下载和使用。

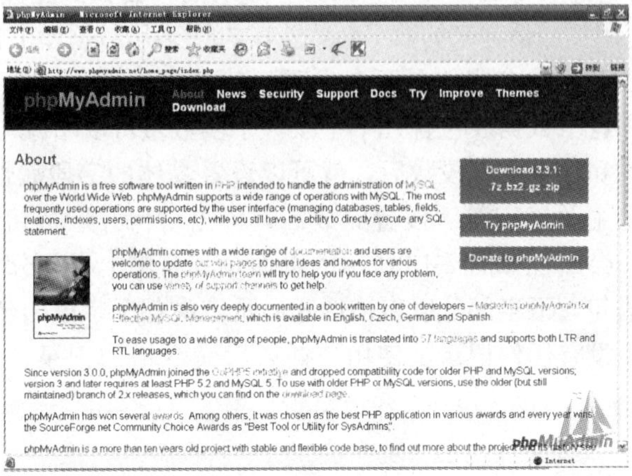

图 7-11　phpMyAdmin 官方站点主页

phpMyAdmin 的使用是通过浏览器完成的，首先配置好 Web 服务器，并将

phpMyAdmin 放在 Web 服务器指定的网站根目录中；然后在浏览器的地址中输入 “http：//127.0.0.1/phpMyAdmin/”，在登录主页的用户名中输入 “root”，再输入指定密码，就可以登录 phpMyAdmin 并操作 MySQL 数据库了。phpMyAdmin 的登录主页如图 7-12 所示。

图 7-12　phpMyAdmin 登录主页面

小提示

phpMyAdmin 软件在 B/S（浏览器/服务器）模式下运行，因此首先要配置一个 Web 服务器，比如 IIS 或 Apache；也可以使用 PHP 套件包（比如 PHPnow，官方网址为 http：//www.phpnow.org/）。MySQL 和 phpMyAdmin 等软件都被集合到一起，并进行了简单的配置，下载后就可以直接使用。

进入 phpMyAdmin 后，首先要建立一个数据库，在页面右侧的“新建数据库”中输入新的数据库的名称，然后单击“确定”按钮。成功后，在页面左侧部分显示出新建立的数据库名称和一个用括号括起来的数字 0。这个“0”表示数据库中有 0 个数据表。

由于没有数据表，因此右侧的页面会出现新建数据表页面，在其中可以输入要新建立的数据表名称和这个数据表包含几个字段（字段数量可以增减）。

输入数据表名称和相应的字段数后，就可以设置具体的字段属性，包括字段名称、类型、长度、是否是主关键字等。设置完成后，单击“保存”按钮。如果设置的名称和属性等内容正确，会出现如图 7-13 所示的页面，其右侧上半部分主要显示使用 SQL 语言建立数据表的语句，下半部分以表格形式显示表中各个字段的名称和属性信息。

新创建的数据表没有任何记录，使用“插入”命令增加记录，也可以在程序中使用 SQL 语句操作记录。

小提示

在 MySQL 中使用 SQL 语句时，表名和字段名一般使用反引号（′）括起来，以便区分 MySQL 中的关键字。

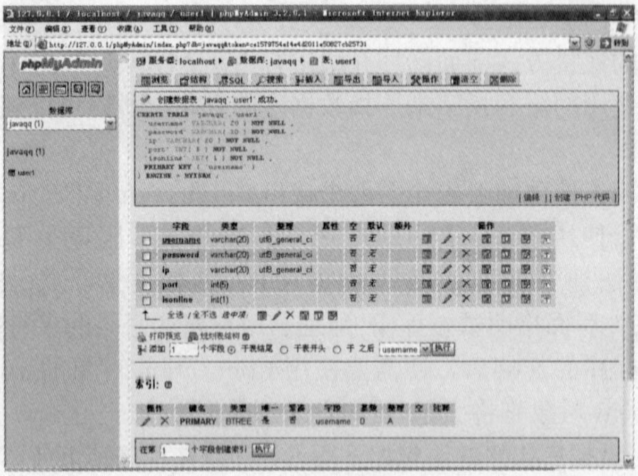

图 7-13　phpMyAdmin 正确建立数据表后显示的页面内容

7.3.3　JDBC

JDBC 是 Java Database Connectivity 的简称，中文翻译为 Java 数据库连接，它由一组用 Java 语言编写的类和接口组成，是一种用于在关系型数据库系统中执行 SQL 语句的 Java 应用程序接口（Java API），是实现 Java 语言和各种数据库之间独立连接的工业标准。

JDBC 为程序开发人员提供了一个标准的 API，使用户能够用纯 Java API 的方式编写数据库应用程序，为各种关系型数据库系统提供统一的 Java 程序访问接口。简单地说，JDBC 可以做三件事：创建与数据库的连接、发送需要执行的 SQL 语句和处理数据库返回的结果。

JDBC 驱动是用于特定数据库的一套实施了 JDBC 接口的类集，共有四种类型的 JDBC 驱动：

（1）JDBC-ODBC 桥驱动。这种类型的驱动能使客户端通过 JDBC 调用连接到一个使用 ODBC 驱动的数据库。使用这类驱动，需要每个客户端机器都装上数据库对应的 ODBC 驱动，但该 ODBC 驱动不一定与 Java 兼容。

（2）本地 API 部分 Java 驱动。这种方式是将 JDBC 的调用转换为特定数据库的调用。

（3）JDBC 网络纯 Java 驱动。这种类型能将 JDBC 的调用转换为独立于数据库的网络协议，特别适合于具有中间件的分布式应用，但目前这类产品不多。

（4）本地协议纯 Java 驱动。这种类型能将 JDBC 调用转换为数据库直接使用的网络协议，不需要安装客户端软件。它是 100%的 Java 程序，使用 Java 套接字来连接数据库。

如果需要使用 Java 与某一个数据库系统连接并进行相应的数据操作，有下面几个步骤。

1. 装载驱动程序

装载驱动程序只需要非常简单的一行代码。比如，使用 Java 直接连接 MySQL 数据库时，装载驱动的语句如下所示：

```
Class.forName("com.mysql.jdbc.Driver");
```

2. 建立与数据库的连接

建立与数据库的连接方式前面已经介绍了，由于 MySQL 数据库是网络数据库的一种，新版本提供了使用网络套接字来连接数据库的方式，所以可以使用本地协议纯Java驱动方式连接数据库。

在建立与数据库连接之前要先声明两个接口 Connection 和 Statement，它们都定义在 java.sql 中，然后使用管理一组 JDBC 驱动程序的基本服务类 DriverManager 中的 getConnection( )方法建立到指定数据库的 URL 连接。这个方法的参数是一个以“jdbc：mysql”开头，后面指明数据库 IP 地址、用户名和密码的字符串。

成功建立与数据库的连接后，还需要使用 Connection 对象的 createStatement()方法创建一个 Statement 对象来将 SQL 语句发送到数据库中。

建立与 MySQL 数据库连接的语句如下所示，注意在程序结束前，应该使用 close()方法关闭已经创建的对象。

```
String url="jdbc:mysql://127.0.0.1/javaqq? user=root&password=123456";
conn=DriverManager.getConnection(url);
stmt = conn.createStatement();
```

3. 执行 SQL 语句

Statement 对象用于执行静态 SQL 语句并返回它所生成的结果。由于执行 SQL 语句的目的不同，这个对象提供了执行 SQL 语句的多种方法。

SELECT 语句根据查询条件从数据表中“取出”结果值，因此要使用可以返回结果集的 executeQuery()方法。这个方法执行给定的 SQL 语句，并返回查询到的结果集，并存放在 ResultSet 对象中。

ResultSet 类表示数据库结果集的数据表，通常通过执行查询数据库的语句生成。ResultSet 对象中提供了多种读取、操作数据表中记录内容的方法。表 7-7 中列出了常用的几种方法及其说明。

表 7-7　ResultSet 类常用的方法及其说明

方法名	说　明
close()	立即释放此 ResultSet 对象的数据库和 JDBC 资源
getInt(int columnIndex)	以 Java 编程语言中 int 的形式获取此 ResultSet 对象的当前记录中指定列号的值
getInt(String columnLabel)	以 Java 编程语言中 int 的形式获取此 ResultSet 对象的当前记录中指定字段名称的值
getString(int columnIndex)	以 Java 编程语言中 String 的形式获取此 ResultSet 对象的当前记录中指定列号的值
getString(String columnLabel)	以 Java 编程语言中 String 的形式获取此 ResultSet 对象的当前记录中指定字段名称的值
next()	将数据表记录指针从当前位置向下移动一条记录。如果到数据表尾，返回“false”，否则返回“true”

下面的语句表示查询 user 表中 isonline 字段值为 1 的全部记录，并显示字段 ip 的内容。

```
ResultSet rs = stmt.executeQuery(" SELECT * FROM 'user' WHERE 'isonline'=1");
while(rs.next()){
    JOptionPane.showMessageDialog(null, rs.getString("ip"));
}
```

如果不需要返回结果集，比如执行 INSERT、UPDATE 和 DELETE 等 SQL 语句时，可以使用 Statement 对象的 execute()方法，它执行给定的 SQL 语句，返回被影响记录的个数。下面的语句表示删除 user 表中全部的记录：

```
int i=stmt.executeUpdate("DELETE FROM 'user'");
```

7.3.4 在 Eclipse 中增加 MySQL 数据库的支持

在 Eclipse 中编译程序，需要将支持 MySQL 数据库的 JDBC 包添加到项目的构建路径中。MySQL5.1 的 JDBC 驱动程序是 mysql－connector－java－5.1.2－beta.zip，可以通过网络下载，解压缩后放到 JDBC 驱动程序的位置（比如放在 C:\eclipse－SDK－3.4.1－win32\目录下）。

然后，建立 Java 项目，并选择菜单中的“项目”→“属性”命令，在打开的“JavaQQ 2.0 属性”对话框中，选择左侧的“Java 构建路径”并单击“添加外部 JAR”按钮，在打开的“选择 JAR”对话框中查找并选择“mysql-connector-java-5.1.2-beta-bin.jar”文件，这时构建路径中会显示出“jdbc4mysql”项目，如图 7-14 所示。添加完成后，单击“确定”按钮返回编辑视图，就可以编写程序访问 MySQL 数据库了。

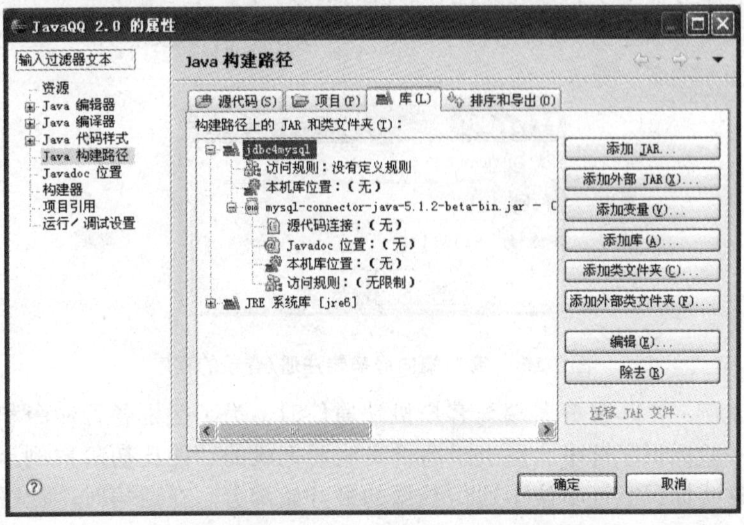

图 7-14　“JavaQQ 2.0 的属性”对话框的“Java 构建路径”选项内容

7.4 高阶案例

初阶案例中的程序只能完成两台计算机间进行即时通信。结合扩展知识中的数据库技术，对初阶案例中的程序进行修改和完善，在其中增加用户注册和登录的功能，使用户在多台计算机间即时通信。

7.4.1 案例简介

高阶案例同样包含两个部分，但由于即时通信程序需要支持多用户模式，并且服务器端要作为数据存储、转发的核心部分存在，因此需要对这两个部分进行比较大的改动。

服务器端程序（JQQServer.java）的主要功能是：

①接收客户的注册和登录请求，并在数据库中进行相应的操作。

②客户正确登录后，在用户列表中列出客户的信息。

③接收已登录客户发送来的消息，并将消息转发给其他已经登录的客户端程序。

④监听客户的关闭请求，并在用户列表及数据库中完成相应的操作。

服务器端程序的界面如图 7-15 所示。

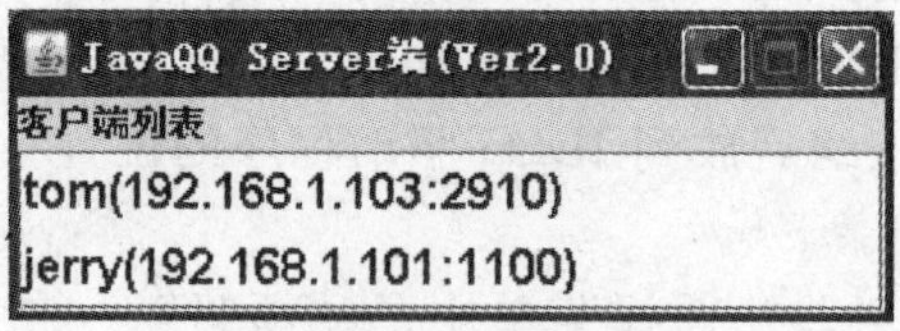

图 7-15　服务器端程序

客户端程序（JQQClient.java）通过用户输入的用户名、密码、IP 地址等信息登录到指定的服务器上并与服务器端程序相连接，然后将用户输入的消息发送给服务器端，同时接收服务器端发送来的其他客户机的消息。

客户端向服务器注册/登录的程序如图 7-16 所示。两个已经登录并进行通信的客户端程序的界面如图 7-3 所示。

图 7-16　客户端向服务器注册/登录的程序

同初阶案例一样，服务器端与客户机端通信时，为了区别各种命令和数据，在程序中定义了一些标识字符串。但由于高阶案例要完成的功能比初阶案例丰富，因此标识符更多。这些标识字符串位于通信数据的最开始部分。在通信时，程序先读取这些标识字符串，然后判断，并根据标识字符串的含义进行下一步处理。

由于需要支持多用户操作，在通信时需要区别不同的用户，因此在标识符字符串的后面加入了表示用户名称和用户所在计算机 IP 地址的字符串，分别使用“USER=”和“IP=”表示。一条通信数据的格式如图 7-17 所示。

标识符	USER=用户名；	IP=IP 地址；；	数据（可选）

图 7-17　一条通信数据的格式

高阶案例中的标识字符串及其说明如表 7-8 所示。

表 7-8　程序中使用的标识字符串及其说明

标识字符串	说　明
！SAYALL. @SERVER！	服务器端转发来的数据
！BYEBYE. @SERVER！	服务器端退出
！LOG@CLIENT！	从客户端登录
！LOGDENY@SERVER！	从服务器端发送的登录错误
！LOGOKOK@SERVER！	从服务器端发送的登录成功
！SAY@CLIENT！	客户端向服务器端发送数据
！REG@CLIENT！	从客户端注册
！REGOKOK@SERVER！	从服务器端发送的注册成功
！REGDENY@SERVER！	从服务器端发送的注册错误
！BYE@CLIENT！	客户端退出
USER=XXX；	用户名，后面的 XXX 表示实际的用户名称，其后面必须要有“；”
IP=XXX；；	IP 地址，后面的 XXX 表示实际的计算机的 IP 地址，其后面必须要有“；；”

7.4.2　案例程序设计

在 Eclipse 中建立一个项目，名称为 JavaQQ2.0。在项目中新建两个包，一个名称是 JQQClient，另一个名称是 JQQServer；然后在两个包中分别建立类文件，名称与包名相同。按照 7.3.4 节介绍的方法，在项目中增加对 MySQL 数据库的支持。

TCP 和 UDP 通信方式都可以支持并发访问，即多用户同时访问，但是由于在编写程序时 TCP 比 UDP 需要编写更多的语句，因此扩展案例没有沿用初阶案例中使用的 TCP 通信方式，而是改用了易于实现的 UDP 通信方式。

1. 创建数据库

本案例中使用数据库记录用户注册和登录的信息，图 7-18 显示了数据表 user 中主要字段的属性设置，其中字段“username”记录了用户登录时的用户名，是本数据表的主键；字段“password”记录了用户登录时的密码；字段“ip”中记录了用户登录时使用计算机的 IP 地址；字段“port”用于记录用户登录时使用的端口号；字段“isonline”记录了用户是否已经登录。服务器端程序通过“ip”字段、“port”字段和本字段中的内容，将某一客户端发送来的消息发送给其他已经登录的客户端。

2. 客户端程序 JQQClient. java 主要代码清单

在 JQQClient 项目下新建一个类文件，名称为 JQQClient. java，然后在其中输入源代码。首先是定义包和导入后面需要用到的类包。

字段	类型	空	默认
username	varchar(20)	否	无
password	varchar(20)	否	无
ip	varchar(20)	是	NULL
port	int(5)	是	0
isonline	int(1)	否	无

图 7-18 “user”数据表中主要字段的属性设置

```
package JQQClient;

import java.awt.event.*;
import javax.swing.*;
import java.awt.*;
import java.net.*;
```

下面定义主类。由于需要处理一些事件，因此在创建主类的同时引入两个事件处理接口，并且由于需要使用线程来与服务器端通信，因此还要引入线程接口。

```
    public class JQQClient implements ActionListener, WindowListener, Runnable
{
```

下面定义控件对象变量，并对一些控件对象进行初始化。这些变量由于在多个函数中都要使用，因此定义为类全局变量。

```
    private static JFrame login=new JFrame("JavaQQ 登录");
    private static JLabel userlabel=new JLabel("用户名：  ");
    private static JLabel pwdlabel=new JLabel("密      码：  ");
    private static JLabel iplabel=new JLabel("IP 地 址：  ");
    private static JTextField user=new JTextField();
    private static JPasswordField pwd=new JPasswordField();
    private static JTextField ip=new JTextField();
    private static JButton blogin=new JButton("登        录");
    private static JButton breg=new JButton("注        册");

    private static JFrame frame=new JFrame();
    private static JTextArea lists=new JTextArea();
    private static JTextField msg=new JTextField();
    private static JLabel msglabel=new JLabel("要发送的消息：");
    private static JButton send=new JButton("发  送");
```

下面定义用于与服务器端程序通信的 UDP 套接字对象变量，和与服务器端通信的写出与写入对象变量。

```
    private static DatagramSocket socket=null;
```

下面定义在程序中使用的各种字符串变量，并将它们初始化为空（null）。

```
    private static String flagstr=null;
    private static String userstr=null;
    private static String ipstr=null;
    private static String str=null;
```

下面定义线程变量对象。

```
    private static Thread t;
```

下面定义线程的主函数 run()。

```
    public void run(){
```

使用一个死循环，一直与服务器通信，不断地接收服务器发送来的数据。

```
        while(true){
            recvdata(); //调用接收函数
```

如果接收到的是广播数据（! SAYALL. @SERVER!），则将数据插入到显示列表中。

```
            if(flagstr. equals("! SAYALL. @SERVER!")){
                lists. insert("        "+ str +"\n", 0);
                lists. insert(userstr+"("+ipstr+")说:\n",0);
            }
```

如果接收到的是服务器退出（! BYEBYE. @SERVER!），则退出循环，结束程序。

```
            else if(flagstr. equals("! BYEBYE. @SERVER!")){
                JOptionPane. showMessageDialog(null, "服务器断开连接!");
            break;
        }
```

如果是其他信息，表示服务器发送的数据有错。这里只对广播数据进行了处理，没有私密聊天功能（一对一），读者可以在此程序的基础上进行扩展。

```
            else{
              JOptionPane. showMessageDialog(null, "服务器返回值错误(1). ");
            }
        }
```

```
}
```

下面定义发送数据函数。

```
private boolean senddata(String str){
```

由于在发送数据的时候，可能会出现错误，因此这里使用异常处理对错误进行处理。

```
        try{
```

UDP 数据包在初始化的时候，需要指明要发送的数据区，其类型是字节型，而一般的待发送数据都是字符串类型，因此需要对其进行转换。

```
        byte[] buf=new byte[256];
        buf=str.getBytes();
```

UDP 数据包在初始化时，要指定数据区、数据区长度、服务器地址和端口号，这里的端口号还是使用 12240。但与初阶案例中的端口号不同，这是 UDP 的 12240 端口。

```
            DatagramPacket packet = new DatagramPacket(buf, buf.length,
            InetAddress.getByName(ip.getText()), 12240);
            socket.send(packet); //发送数据
            return true;
        }
```

捕获到主机地址异常并进行处理。其他异常放在后面的捕获语句中处理。

```
        catch(UnknownHostException e){
            JOptionPane.showMessageDialog(null,"服务器"+ip.getText()+
              "不可用");
            return false;
        }
        catch(Exception e){
            JOptionPane.showMessageDialog(null, "Send Error:\n"+str+"\
              n"+e);
            return false;
        }
    }
```

定义接收数据函数。由于需要使用到网络通信的函数，因此需要使用 try…catch 语句处理错误。

```
    private static void recvdata(){
```

```
        try{
            byte[] buf=new byte[256];
            int p1, p2, p3, p4;
```

定义并初始化 UDP 数据包对象变量。然后，从服务器端接收相应的数据，并从字节类型转换成字符串类型。

```
        DatagramPacket packet=new DatagramPacket(buf, buf.length);
        socket.receive(packet);
        String s=new String(packet.getData());
        s=s.trim(); //去除前后、空格
```

读取前 16 个字符。这 16 个字符存储了标识字符串。

```
        flagstr=s.substring(0,16);
```

标识字符串后面是“USER=”为前导的用户名。

```
        p1=s.indexOf("USER=", 16);
        if(p1! =-1){
```

userstr 字符串存储了客户端的用户名。

```
            p2=s.indexOf(";", p1+5);
            userstr=s.substring(p1+5, p2);
```

ipstr 里存储了客户端的 IP 地址。

```
            p3=s.indexOf("IP=", p2+1);
            p4=s.indexOf(";;", p3+3);
            ipstr=s.substring(p3+3, p4);
```

str 中存储了数据信息。数据信息由于功能不同，有可能是空。

```
            str=s.substring(p4+2);
        }
    }
```

处理异常。

```
        catch(Exception e){
            JOptionPane.showMessageDialog(null, "Recv Error: "+e);
        }
    }
```

下面编写按钮事件处理过程 actionPerformed()。

```
    public void actionPerformed(ActionEvent arg0) {
```

如果按了“send”按钮，表示发送数据。首先要判断要发送的数据是否为空。如果是空，则不能发送给服务器端。如果不为空，则将要发送的数据与标识符（“! SAY@CLIENT!”和“USER=”）和用户名组合在一起，然后调用 senddate 方法发送给服务器端。

```
        if("send"==arg0.getActionCommand()){
            if(msg.getText().isEmpty()){
                JOptionPane.showMessageDialog(null, "输入不能为空!");
            }
            else{
                lists.insert("        "+ msg.getText()+"\n", 0);
                lists.insert("我说:\n",0);
senddata("! SAY@CLIENT! USER="+user.getText()+";"+msg.getText());
                msg.setText(null);
            }
        }
```

如果按了“login”按钮，表示登录。首先判断输入的用户名与密码是否为空。如果是空的，则提示重新输入。如果都不为空，则将输入的内容与标识符（“! LOG@CLIENT!”和“USER=”）和用户名组合在一起发送给服务器端。

```
        else if("login"==arg0.getActionCommand()){
            if(user.getText().isEmpty()||new String(pwd.getPassword()).
              isEmpty()){
                JOptionPane.showMessageDialog(null, "用户名或密码不能
                  为空!");
                return;
            }
            if(senddata("! LOG@CLIENT! USER="+user.getText()+";"+
              new String(pwd.getPassword()))){
```

发送完成后，等待接收服务器发送回来的信息。如果返回标识符为“! LOGOKOK@SERVER!”的信息，表示登录成功，这时显示主界面。如果返回标识符为“! LOGDENY@SERVER!”的信息，表示登录错误，给出提示信息后，要求用户重新输入。

```
                recvdata();
                if(flagstr.equals("! LOGOKOK@SERVER!")){
```

```
                login.setVisible(false);
                this.InitDialog();
                t.start();
            }
            else if(flagstr.equals("! LOGDENY@SERVER!")){
                JOptionPane.showMessageDialog(null, "用户名或密码错误，登录被拒绝!");
                user.setText(null);
                pwd.setText(null);
            }
```

如果返回其他信息，显示错误提示。

```
            else{
                JOptionPane.showMessageDialog(null, "服务器返回值错误(2).");
            }
        }
    }
```

如果按了“reg”按钮，表示注册。首先判断输入的用户名与密码是否为空。如果是空的，则提示重新输入。如果都不为空，则将输入的内容与标识符（“! REG@CLIENT!”和“USER=”）和用户名组合在一起发送给服务器端。

```
        else if("reg"==arg0.getActionCommand()){
            if(user.getText().isEmpty()||new String(pwd.getPassword()).isEmpty()){
                JOptionPane.showMessageDialog(null, "用户名或密码不能为空!");
                return;
            }
            if(senddata("! REG@CLIENT! USER="+user.getText()+";"+new String(pwd.getPassword()))){
```

发送完成后，等待接收服务器发送回来的信息。如果返回标识符为“! REGOKOK@SERVER!”的信息，表示注册成功。如果返回标识符为“! REGDENY@SERVER!”的信息，表示注册错误，给出提示信息后，要求用户重新输入。如果返回其他信息，显示错误提示。

```
            recvdata();
            if(flagstr.equals("! REGOKOK@SERVER!")){
```

```
                    JOptionPane.showMessageDialog(null, "注册成功，请
                        登录!");
            }
            else if(flagstr.equals("!REGDENY@SERVER!")){
                JOptionPane.showMessageDialog(null, "用户名或密码错误，
                    注册被拒绝!");
                user.setText(null);
                pwd.setText(null);
            }
            else{
                JOptionPane.showMessageDialog(null, "服务器返回值错误
                    (3).");
            }
        }
    }
    else{
        JOptionPane.showMessageDialog(null, "操作类型错误!");
        System.exit(-1);
        }
    }
```

下面实现窗口关闭处理过程。在这个过程中，主要完成向服务器端程序发送客户端退出信息，并关闭套接字。

```
    public void windowClosing(WindowEvent arg0) {
        try{
            if(frame.getName()=="frame")
                senddata("!BYE@CLIENT!USER="+user.getText()
                    +";");

            if(socket!=null){
                socket.close();
                socket=null;
            }
        }
        catch(Exception e){
            JOptionPane.showMessageDialog(null, e);
        }
    }
```

虽然没有用到其他事件处理过程，但 Java 中规定其还要以空函数的形式写出来。

```
    public void windowActivated(WindowEvent arg0) {}
    public void windowClosed(WindowEvent arg0) {}
    public void windowDeactivated(WindowEvent arg0) {}
    public void windowDeiconified(WindowEvent arg0) {}
    public void windowIconified(WindowEvent arg0) {}
    public void windowOpened(WindowEvent arg0) {}
```

下面编写类的主过程。

```
    public static void main(String[] args) {
        try{
```

创建 UDP 套接字，创建 JQQClient 类，并对注册/登录窗口进行初始化，然后生成一个线程。

```
            socket=new DatagramSocket();
            JQQClient jqqclient=new JQQClient();
            jqqclient.InigLogin();
            t=new Thread(new JQQClient());
        }
        catch(Exception e){
            JOptionPane.showMessageDialog(null,"Main Error:"+e);
        }
    }
```

JQQClient 类的构造函数为空。JQQClient 类的初始化工作放在 InigLogin 方法中实现。

```
    public JQQClient(){}
```

绘制 QQClient 类中的注册/登录窗口界面，并增加相应的事件监听。注册/登录窗口优先于主窗口显示，只有在注册/登录窗口中输入了用户名、密码和服务器的 IP 地址，才能显示主窗口。

```
    public void InigLogin(){
        login.setDefaultCloseOperation(JFrame.EXIT_ON_CLOSE);
                                        //设置关闭操作
        login.addWindowListener(this);// 注册 Window 监听
        login.setSize(new Dimension(300,160));
        login.setResizable(false);// 用户不可调整窗体大小
        login.setLayout(new BorderLayout());
```

```
        login.setName("login");

        JPanel p1=new JPanel();
        p1.setLayout(new GridLayout(3,1)); //布局
        p1.add(userlabel); //用户名提示
        p1.add(pwdlabel); //密码提示
        p1.add(iplabel); //IP 地址提示

        JPanel p2=new JPanel();
        p2.setLayout(new GridLayout(3,1));
        p2.add(user); //用户名输入框
        p2.add(pwd); //密码输入框
        p2.add(ip); //IP 地址输入框

        JPanel p3=new JPanel();
        p3.setLayout(new FlowLayout());
        p3.add(blogin); //登录按钮
        p3.add(breg); //注册按钮

        login.add(p1, BorderLayout.WEST);
        login.add(p2, BorderLayout.CENTER);
        login.add(p3, BorderLayout.SOUTH);

        blogin.setActionCommand("login");
        blogin.addActionListener(this);
        breg.setActionCommand("reg");
        breg.addActionListener(this);

        login.setVisible(true);
    }
```

绘制 QQClient 类中的主窗口界面，并增加相应的事件监听。

```
    public void InitDialog(){
        frame.setTitle("JavaQQ 2.0 用户:"+user.getText());
        frame.setDefaultCloseOperation(JFrame.EXIT_ON_CLOSE);
                                        // 设置关闭操作
        frame.addWindowListener(this);// 注册 Window 监听
        frame.setSize(new Dimension(300,500));
```

```
        frame.setResizable(false);// 用户不可调整窗体大小
        frame.setLayout(new BorderLayout());
        frame.setName("frame");

        JPanel msgpanel=new JPanel();
        msgpanel.setLayout(new BorderLayout());
        msgpanel.add(msglabel, BorderLayout.WEST);
        msg.setForeground(Color.BLUE);
        msg.setFont(new Font("SansSerif",Font.BOLD,16));
        msgpanel.add(msg, BorderLayout.CENTER);

        JPanel bottom=new JPanel();
        bottom.setLayout(new GridLayout(2,1));
        bottom.add(msgpanel);
        bottom.add(send);

        send.setActionCommand("send");
        send.addActionListener(this);

        lists.setEnabled(false);        //JTextArea 设置为不可用后,其颜色将不
                                        //能改变
        lists.setFont(new Font("SansSerif",Font.BOLD,16));

        frame.add(new JScrollPane(lists), BorderLayout.CENTER);
        frame.add(bottom, BorderLayout.SOUTH);
        frame.setVisible(true);
    }
}
```

3. 服务器端程序 JQQServer.java 主要代码清单

在 JQQServer 项目下新建一个类文件，名称为 JQQServer.java，然后在其中输入源代码。首先是定义包和导入后面需要用到的类包。

```
package JQQServer;
import java.awt.event.*;
import javax.swing.*;
import java.awt.*;
import java.net.*;
import java.sql.*;
```

下面定义主类。由于只需要处理一些窗口事件，因此只引入了窗口事件处理接口。

```
public class JQQServer implements WindowListener {
```

下面定义控件对象变量，并对一些控件对象进行初始化。这些变量由于在多个函数中都要使用，因此定义为类全局变量。

```
private static Connection conn=null; //连接数据库的对象变量
private static Statement stmt=null; //处理 SQL 语句的对象变量

private static JLabel userlabel=new JLabel("客户端列表");
private static DefaultListModel list=new DefaultListModel();
private static JList userlist=new JList(list);
```

下面定义了 UDP 套接字对象变量和 UDP 包对象变量。

```
private static DatagramSocket socket=null;
private static DatagramPacket packet=null;
```

下面实现窗口关闭处理过程。

```
public void windowClosing(WindowEvent arg0) {
    try{
```

查询用户表中用户登录状态为“1”（表示已登录）的记录的 IP 地址和端口号，然后依次读取这些信息，并与服务器退出标识（! BYEBYE. @SERVER!）结合在一起，作为发送数据过程（senddate）的参数传递给 senddate()。通过这种方式，当服务器端退出时，可以向已登录的所有客户端发送服务器退出信息。

```
        ResultSet rs=stmt.executeQuery("SELECT 'ip','port' FROM 'user'
          WHERE 'isonline'=1");
      while(rs.next()){
        senddata("! BYEBYE.@SERVER!",rs.getString("ip"), rs.getInt("
          port"));
        }
        rs.close();
```

由于所有的客户端都已经被强制退出，因此在数据表中要把登录状态改为 0，即未登录状态。

```
        stmt.executeUpdate("UPDATE 'user' SET 'isonline'=0, 'ip'=”,
          'port'=0");
```

关闭并清空 SQL 语句执行对象变量和数据库连接对象变量，然后关闭 UDP 套接字对象变量。

```
            if(stmt! =null){
                stmt. close();
                stmt=null;
            }

            if(conn! =null){
                conn. close();
                conn=null;
            }

            if(socket! =null){
                socket. close();
                socket=null;
            }
        }
        catch(Exception e){
            JOptionPane. showMessageDialog(null, "Closewindow Error"+e);
        }
    }
```

虽然没有用到其他事件处理过程，但 Java 中规定其还要以空函数的形式写出来。

```
    public void windowActivated(WindowEvent arg0) {}
    public void windowClosed(WindowEvent arg0) {}
    public void windowDeactivated(WindowEvent arg0) {}
    public void windowDeiconified(WindowEvent arg0) {}
    public void windowIconified(WindowEvent arg0) {}
    public void windowOpened(WindowEvent arg0) {}
```

下面定义了数据发送过程，主要有三个参数，一个是要发送的字符串（str），一个是接收方的 IP 地址（ip），还有一个是接收方的端口号（port）。由于此案例使用的是 UDP 方式通信，因此在每次传递数据时都要指定接收端的 IP 地址和端口号。

```
    private static void senddata(String str, String ip, int port){
        byte[] buf=new byte[256];
```

下面使用 new DatagramPacket 生成 UDP 数据报文并发送。由于网络传输时可能出现错误，因此要进行异常捕获。UnknownHostException 表示主机不可用，即指定的 IP 地址可能出现错误。其他异常错误都放在最后一个异常捕获里。

```
        try{
```

```
                buf=str.getBytes();
                packet =new DatagramPacket(buf, buf.length, InetAddress.getByName
                    (ip), port);
                    socket.send(packet);
                }
                catch(UnknownHostException e){
                    JOptionPane.showMessageDialog(null, ip+"不可用");
                }
                catch(Exception e){
                    JOptionPane.showMessageDialog(null, "Send Error:\n "+str
                        +"\n"+e);
                }
        }
```

下面定义主过程。

```
    public static void main(String[] args) {
        String flagstr=null, str=null, userstr=null, ip=null;
        int p1, p2;
        int port;
        String s=null;
```

连接 MySQL 数据库，其用户名是“root”，密码是“123456”。由于 MySQL 数据库与服务器端在同一台计算机，因此访问地址为“127.0.0.1”。然后，初始化 SQL 语句执行对象变量 stmt。

```
        try{
            Class.forName("com.mysql.jdbc.Driver");
            String url="jdbc:mysql://127.0.0.1/javaqq? user=root&password=
              123456";
            conn=DriverManager.getConnection(url);
            stmt = conn.createStatement();
```

生成 JQQServer 类对象，并清除主窗口中列表中的内容。

```
            JQQServer jqqserver=new JQQServer();
            list.clear();
```

生成 UDP 套接字对象变量。其中，端口号为 12240。

```
            socket=new DatagramSocket(12240);
```

循环处理客户端的通信。

```
        while(true){
```

接收从客户端发来的数据，并将数据从字节类型转换为字符串类型。

```
            byte[] buf=new byte[256];
            packet=new DatagramPacket(buf, buf.length);
            socket.receive(packet);
            s=new String(packet.getData());
            s=s.trim();
```

读取客户端发送数据的标识部分、用户名、IP 地址和实际数据等部分。

```
            flagstr=s.substring(0,12);
            p1=s.indexOf("USER=", 12);
            if(p1!=-1){
            p2=s.indexOf(";", p1+5);
            userstr=s.substring(p1+5, p2);

            str=s.substring(p2+1);
          }
          ip=packet.getAddress().getHostAddress();
          port=packet.getPort();
```

如果是客户端退出标识（! BYE@CLIENT!)，则将数据表中的登录状态改为 0，并从主窗口的用户列表中将其删除。

```
          if(flagstr.equals("! BYE@CLIENT!")){
            stmt.executeUpdate("UPDATE 'user' SET 'isonline'=0, 'ip'=", 'port'=0 " +
                  "WHERE 'username'='"+ userstr +"' AND 'ip'='"+ ip +
                  "' AND 'port'="+ port);
             list.removeElement(userstr+ "("+ ip+":"+port+")");
          }
```

如果是客户端登录，先查看数据表中相同的用户是否已经登录过了。如果这个用户没有在其他的客户端登录，则在列表中显示该用户的信息，并返回给客户端登录成功的信息。如果该用户已经通过其他客户端登录，则向客户端返回登录失败的信息。

```
          else if(flagstr.equals("! LOG@CLIENT!")){
               //访问数据库查看登录是否成功
```

```
                int i =stmt. executeUpdate("UPDATE 'user' SET 'isonline' =1,'
                    ip'='" + ip +
                    "', 'port' ="+ port+ " WHERE 'username' ='"+ use-
                     rstr +
                    "'AND 'password' ='"+ str +"'");
                if(i==1){           //OK
                    list. addElement(userstr+ "("+ ip+":"+port+ ")");
                    senddata("! LOGOKOK@SERVER!", ip, port);
                }
                else{               // FAIL
                    senddata("! LOGDENY@SERVER!", ip, port);
                }
            }
```

如果是注册标识（! REG@CLIENT!），表示客户端的用户想要注册。首先在数据库中，把新注册用户的信息增加到数据表中。如果执行成功，向客户端返回注册成功的信息，否则返回注册失败的信息。

```
            else if(flagstr. equals("! REG@CLIENT!")){
                //访问数据库,查看注册是否成功
                int i=stmt. executeUpdate("INSERT INTO 'user' VALUES ('"+
                    userstr+ "','"+ str+ "',",0,0)");
                if(i==1){           //OK
                    senddata("! REGOKOK@SERVER!", ip, port);
                }
                else{               // FAIL
                    senddata("! REGDENY@SERVER!", ip, port);
                }
            }
```

如果是客户传输的数据（! SAY@CLIENT!），表示这个客户端想要发送信息给其他已登录的用户。这段程序首先从数据表中读取全部已登录用户的信息，然后依次向其发送数据（其标识符是！SAY@CLIENT!，表示发送数据给客户端）。

```
            else if(flagstr. equals("! SAY@CLIENT!")){
                // 从库中读取用户上线情况,向上线用户发送数据
                   ResultSet rs= stmt. executeQuery ( " SELECT ' ip ',' port '
                     FROM 'user'" +
                    "WHERE 'isonline' =1 AND 'username' <>'"+ userstr+
                     "'");
```

```
                    while(rs.next()){
                        senddata("! SAYALL.@SERVER! USER="+ userstr
                          + ";IP="+ ip+ ";;"+ str, rs.getString("ip"),
                          rs.getInt("port"));
                    }
                    rs.close();
                }
                else{
                    JOptionPane.showMessageDialog(null,"客户端("+ip+":"+
                      port+
                        ")数据出错! \n"+s);
                }
            }
        }
```

如果数据库驱动出现错误，则由这个异常捕获过程处理。

```
        catch(ClassNotFoundException e){
            JOptionPane.showMessageDialog(null,"数据库驱动不存在!");
        }
```

如果指定的 SQL 语句有错误，则由这个异常捕获处理。其他错误由最后的异常捕获处理来完成。

```
        catch(SQLException e){
            JOptionPane.showMessageDialog(null,"数据库存在异常!");
        }
        catch(Exception e){
            JOptionPane.showMessageDialog(null,"Main Error:"+e);
        }
    }
```

定义 JQQServer 类的构造函数，并在其中对主窗口进行设置与初始化。

```
    public JQQServer(){
        JFrame frame=new JFrame("JavaQQ Server 端(Ver2.0)");
        frame.setDefaultCloseOperation(JFrame.EXIT_ON_CLOSE);
                                                    // 设置关闭操作
        frame.addWindowListener(this);// 注册 Window 监听
        frame.setSize(new Dimension(300,300));
```

```
        frame. setResizable(false)；// 用户不可调整窗体大小
        frame. setLayout(new BorderLayout())；
        frame. add(userlabel, BorderLayout. NORTH)；
        frame. add(new JScrollPane(userlist), BorderLayout. CENTER)；
        userlist. setFont(new Font("SansSerif",Font. BOLD,16))；
        frame. setVisible(true)；
    }
}
```

本 章 实 训

1. 实训目的

(1) 了解 Java 网络程序设计方法，掌握 TCP 和 UDP 的基本编程技巧。

(2) 掌握使用 JDBC 对数据库的访问和操作方法。

2. 实训内容

使用 TCP 通信方式编写支持并发访问模式的网络即时通信程序。

3. 实训步骤

(1) 在 Eclipse 中新建项目、包和添加类文件，并增加对数据库的支持。

(2) 在类文件中编写程序代码。由于并发程序的处理主要在服务器端完成，因此客户端程序可以参看基础实例中的客户端程序。

客户端为了能够在 TCP 通信方式下支持并发访问，需要在服务器端使用多线程技术处理与每个客户端的连接，这些连接由服务器程序调用 ServerSocket 类中的 accept() 方法获得。此方法返回与客户端连接使用的套接字。

accept()方法被包含在一个循环中，每次有客户端连接，此方法都会返回一个新的套接字，然后通过启用一个新线程完成与客户端的通信，继而实现并发访问的功能。在 TCP 通信方式下支持并发访问的主要程序代码如下所示：

```
while (true) {
        SocketClient=null;
        try {
            Client = Server. accept();          //接收客户端的连接请求
            ThreadClientThread=new Thread();    //创建一个线程
            ClientThread. start();              //启动线程
        }catch (IOException e) {
            e. printStackTrace();
        }
    }
```

(3) 编写完成后，在 Eclipse 中调试并测试程序。

本章小结

通过本章的学习，读者可以了解并掌握有关 Java 网络程序设计和数据库编程的基本方法。本章以基础案例为引导，首先介绍计算机网络基础知识和 Java 网络程序编写的方法，重点讲解基于 TCP 和 UDP 的网络编程知识。然后，介绍了 Java 中数据库编程的基本知识，着重讲解访问 MySQL 数据库的方法。最后，结合前面所讲内容，将基础案例进行扩展，完成了一个基于 UDP 协议、使用 MySQL 数据库存储用户信息的网络即时多人通信的程序。

案例结合了用户界面设计、异常处理、多线程、网络程序设计和数据库编程等多方面的知识和技巧，使读者进一步了解开发一个功能完善的 Java 程序的基本编程方法和设计思想。

课外阅读

1. 关于 SQL

结构化查询语言（Structured Query Language，SQL）是高级的非过程化编程语言，允许用户在高层数据结构上工作。它不要求用户指定对数据的存放方法，也不需要用户了解具体的数据存放方式，所以，具有完全不同底层结构的不同数据库系统可以使用相同的 SQL 语言作为数据输入与管理的接口。

它以记录集合作为操作对象，所有 SQL 语句接收集合作为输入，返回集合作为输出。这种集合特性允许一条 SQL 语句的输出作为另一条 SQL 语句的输入，所以 SQL 语句可以嵌套，这使它具有极大的灵活性和强大的功能。在多数情况下，在其他语言中需要一大段程序实现的功能只需要一条 SQL 语句就可以实现，这也意味着用 SQL 语言可以写出非常复杂的语句。

1970 年 E. J. Codd 发表了关系数据库理论（relational database theory）；IBM 公司最早在圣约瑟研究实验室，以 Codd 的理论为基础，为其关系数据库管理系统 SYSTEM R 开发了一种查询语言，称为“Sequel”，后重命名为“SQL”。SQL 语言结构简洁，功能强大，简单易学，所以自从 IBM 公司 1981 年推出以来，SQL 语言得到了广泛的应用。

1979 年 Oracle 发布了商业版 SQL；1981 年到 1984 年又出现了其他商业版本，分别来自 IBM（DB2）、Data General（DG/SQL）、Relational Technology（INGRES）等。如今，无论是像 Oracle、Sybase、Informix、SQL Server 这些大型的数据库管理系统，还是像 Visual Foxpro、PowerBuilder 这些 PC 上常用的数据库开发系统，都支持 SQL 语言作为查询语言。

美国国家标准局（ANSI）与国际标准化组织（ISO）制定了 SQL 标准。ANSI 是一个美国工业和商业集团组织，负责开发美国的商务和通信标准。ANSI 也是 ISO 和 International Electrotechnical Commission（IEC）的成员之一。

ANSI 发布与国际标准组织相应的美国标准。1986 年 ANSI 跟 ISO 发布了第一个标准 SQL/86；1989 年发布增加了引用完整性（referential integrity）的 SQL/89；

1992 年，ISO 和 IEC 发布了 SQL 国际标准，称为 SQL－92。ANSI 随之发布的相应标准是 ANSI SQL－92。ANSI SQL－92 有时被称为 ANSI SQL。

尽管不同的关系数据库使用的 SQL 版本有一些差异，但大多数都遵循 ANSI SQL 标准，它被数据库管理系统（DBMS）生产商广泛接受。比如，SQL Server 使用 ANSI SQL－92 的扩展集，称为 T－SQL，遵循 ANSI 制定的 SQL－92 标准。1997 年后成为动态网站（Dynamic web content）的后台支持；1999 年发布了支持 Core level 跟其他 8 种相应的 level（包括递归查询，程序跟流程控制，基本的对象（object）支持等）的 SQL/99；2003 年发布包含了 XML 相关内容，自动生成列值（column values）等功能的 SQL/2003；2005 年 9 月底 Tim O'eilly 提出了 Web 2.0 理念，称数据将是核心，SQL 将成为“新的 HTML”；2006 年在 SQL/2006 中定义了 SQL 与 XML 的关联应用；同年，Sun 公司将以 SQL 基础的数据库管理系统嵌入 Java V6。

SQL 语言包含以下 4 个部分：

（1）数据定义语言（DDL），例如 CREATE、DROP、ALTER 等语句。

（2）数据操作语言（DML），例如 INSERT（插入）、UPDATE（修改）、DELETE（删除）语句。

（3）数据查询语言（DQL），例如 SELECT 语句。

（4）数据控制语言（DCL），例如 GRANT、REVOKE、COMMIT、ROLLBACK 等语句。

2. 关于 JDBC

JDBC（Java Data Base Connectivity，Java 数据库连接）是一种用于执行 SQL 语句的 Java API，可以为多种关系数据库提供统一访问。它由一组用 Java 语言编写的类和接口组成。JDBC 为工具/数据库开发人员提供了一个标准的 API，据此可以构建更高级的工具和接口，使数据库开发人员能够用纯 Java API 编写数据库应用程序。同时，JDBC 也是个商标名。

有了 JDBC，向各种关系数据发送 SQL 语句成为一件很容易的事。换言之，有了 JDBC API，就不必为访问某个数据库专门写一个程序，而访问另一个数据库时又需要专门写一个程序。程序员只需用 JDBC API 写一个程序就够了，它可向相应数据库发送 SQL 调用。同时，将 Java 语言和 JDBC 结合起来，使程序员不必为不同的平台编写不同的应用程序，只需写一遍程序，就可以让它在任何平台上运行。这也是 Java 语言“编写一次，处处运行”的优势。

Java 数据库连接体系结构是用于 Java 应用程序连接数据库的标准方法。JDBC 对 Java 程序员而言是 API，对实现与数据库连接的服务提供商而言是接口模型。作为 API，JDBC 为程序开发提供标准的接口，并为数据库厂商及第三方中间件厂商实现与数据库的连接提供了标准方法。JDBC 使用已有的 SQL 标准并支持与其他数据库连接标准，如 ODBC 之间的桥接。JDBC 实现了所有这些面向标准的目标，并且具有简单、严格类型定义且高性能实现的接口。

注：上述两篇课外阅读文章摘编自百度百科。

课后作业

1. 修改扩展案例，在服务器端增加对已注册用户的删除功能。

2. 如何在 Eclipse 中增加对 MS SQL Server 数据库的支持？编写一个访问此数据库中数据的 Java 程序。

第 8 章　Android 应用

本章引言

Android 是 Google 开发的基于 Linux 平台的、开源的、智能手机操作系统。Android包括操作系统、中间件和应用程序。由于源代码开放，Android 可以被移植到不同的硬件平台上。Android 的开发离不开 Java 的应用。本章将通过一个简单的实例，使读者对 Android 有初步的认识，了解 Android 程序设计中最基础的知识。

在初阶案例中，使用 Android 程序设计的基础知识，设计并开发出一个简单的Android程序——“我的第一个 Android 程序”，运行效果如图 8-1 和图 8-2 所示。

图 8-1　我的第一个 Android 程序

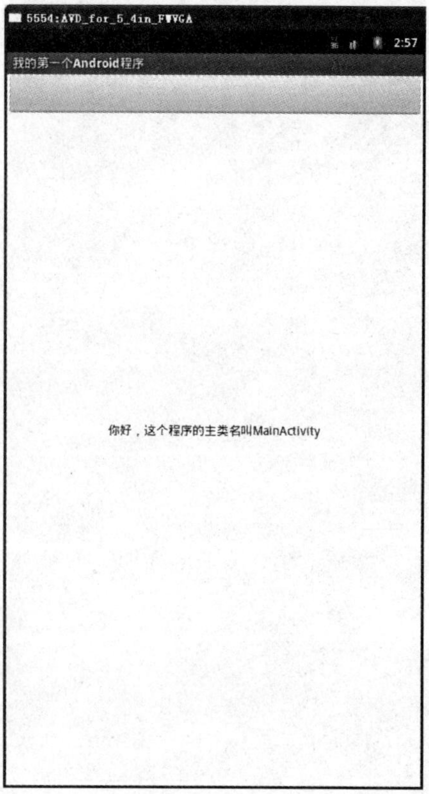

图 8-2　修改后的第一个 Android 程序

在高阶案例中，对初阶案例进行了提升，加入了三个接口组件 TextView、EditText、Button 和代码，从而建立一个具有实际功能的程序项目。这是一个提供婚姻建议的简单项目，如图 8-3 和图 8-4 所示。

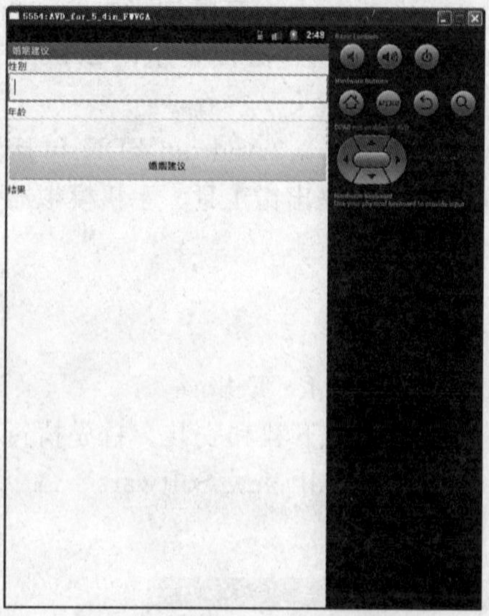

图 8-3　高阶案例的程序界面

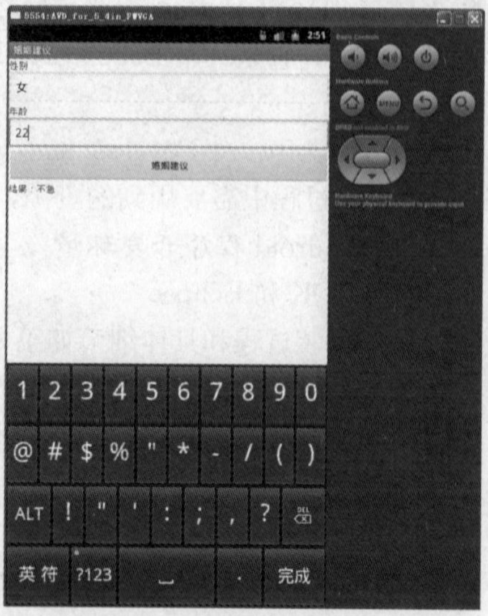

图 8-4　高阶案例的运行结果

为了更好地学习和理解本章所述内容，读者在学习之前，最好能够运行两个案例，了解其运行效果，并简单浏览其源代码。

8.1　Android 程序设计基础

Android 程序是使用 Java 语言编写的。有了前面几章的 Java 知识，才能更好地了解 Android。但是仅有这些还不够，还需要学习与 Android 程序设计相关的基础知识。

在学习编写 Android 应用程序之前，必须先搭建一个 Android 应用程序的开发环境。

1. 安装 Android 的硬件和软件需求

（1）硬件最低需求

安装 Android 的硬件最低需求如表 8-1 所示。

表 8-1　安装 Android 的硬件最低需求

CPU 的运行速度（频率）	2.5GHz（建议双核以上）
内存容量	1GB
硬盘剩余空间	3GB

（2）软件需求

软件需求包括操作系统的种类和开发工具的相关软件。

①操作系统：Android 程序开发工具支持的 Windows 操作系统版本包括 Windows XP、Windows Vista 和 Windows 7。

②Java Development Kit（JDK）：推荐 JDK5.0 或 6.0 版本。注意，一定要安装 JDK，而不能只安装 JRE（JDK 包含 JRE）。

③Eclipse：推荐使用 Eclipse IDE for Java Developers，目前最新版本是 3.6.2。

④Android Development Tool（ADT）plugin for Eclipse：这是用来编写 Android 程序的工具软件，它是一个 Eclipse 的 plugin（插件），也就是必须安装在 Eclipse 中和 Eclipse 一起运行。

⑤Android Software Development Kit（Android SDK）：Android SDK 包括开发 Android 程序的过程中需要用到的资源，比如链接库、程序出错工具、手机模拟器等。

2. 安装 Android 程序开发环境

（1）安装 JDK 和 Eclipse

这一步的安装过程和具体细节如第 1 章中所述。

（2）安装 Android Development Tools（ADT）plugin for Eclipse

ADT plugin for Eclipse 可以在 Eclipse 主程序中完成下载和安装。首先执行步骤（1）中安装好的 eclipse.exe，然后选择“Help”→“Install New Software”命令，弹出如图 8-5 所示的对话框。

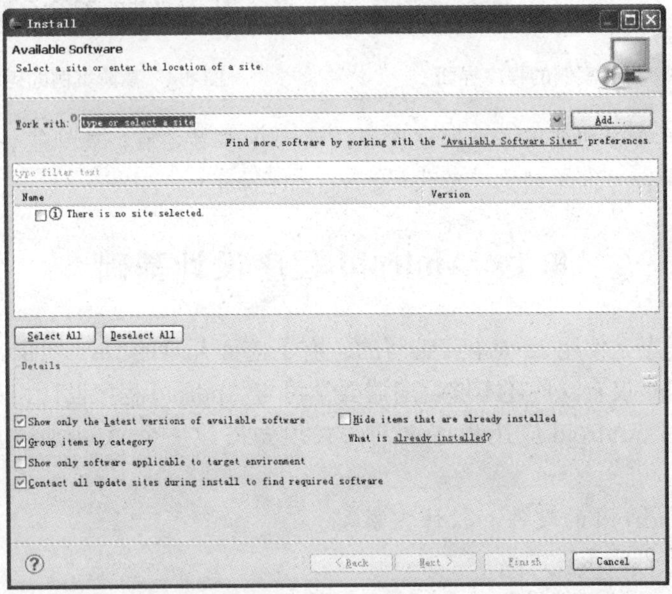

图 8-5　在 Eclipse 中安装 ADT plugin for Eclipse 的页面

单击对话框右边的“Add”按钮并输入下列信息。

①Name：Android plugin。

②Location：https：//dl - ssl.google.com/android/eclipse/。

然后，单击“OK”按钮。在对话框中央的列表中出现 Developer Tools 项目。如果没有出现，请重新单击“Add”按钮，把“Location”改为“http：//dl - ssl.google.com/android/eclipse”，应该就出现“Developer Tools”，如图 8-6 所示。勾选该项目后进行安装，就可完成这一步，也可以将出现的所有项目都勾选安装。

（3）安装 Android Software Development Kit（Android SDK）

在网页浏览器中输入网址 http：//developer.android.com/sdk/index.html，或者利用搜索引擎搜寻 Android SDK。如图 8-7 所示为搜索到的 Android SDK 的结果，从

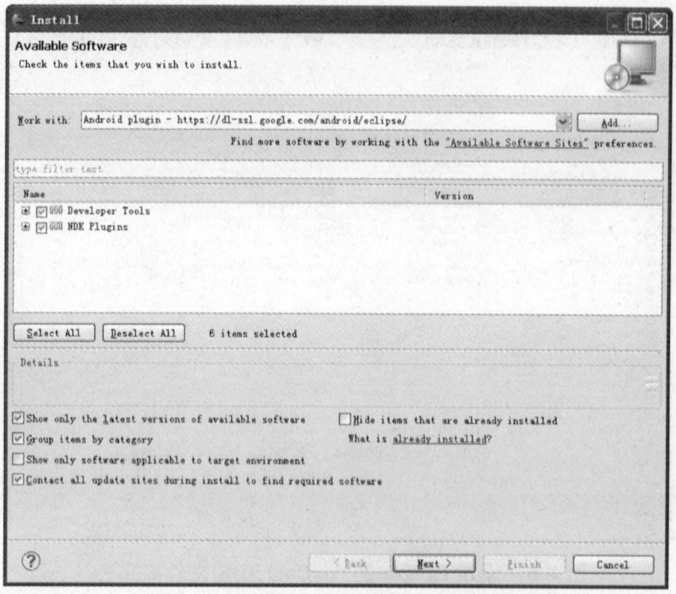

图 8-6　出现“Developer Tools”的页面

中选择需要的版本下载。在此选用的是 Google Android SDK。

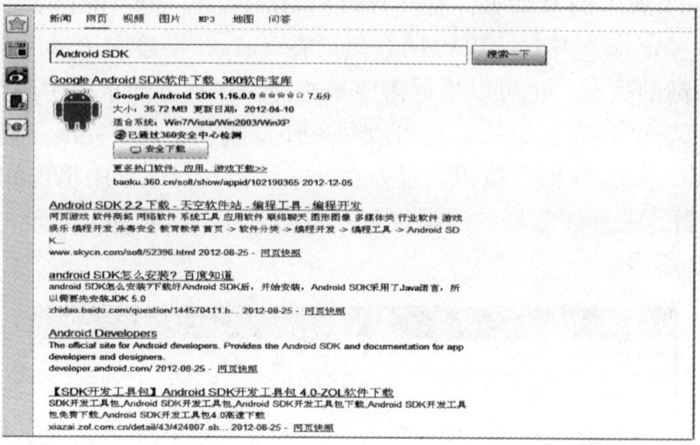

图 8-7　利用搜索引擎得到的 Android SDK 的页面

完成安装后，必须在 Eclipse 中设置 Android SDK 路径才可以使用。请读者执行 Eclipse，选择菜单上的“Window”→“Preferences”命令，弹出如图 8-8 所示的对话框。在对话框的左边选中“Android”项目，然后在右边的“SDK Location”中填写 android-sdk 文件夹的完整路径（也可以使用右边的“Browse”按钮来选择），最后单击“Apply”按钮，再单击“OK”按钮。

（4）建立一个 Android Virtual Device（AVD）

AVD 就是 Android SDK 中的手机模拟器。在编写 Android 应用程序的过程中，必须让程序在手机模拟器中执行，才可以看到结果。请先执行 Eclipse，选择菜单上的“Window”→“Android SDK Manager”命令，弹出如图 8-9 所示的对话框。在该框中显示所有 Android 的版本。选择需要的版本进行安装。安装后，在该版本的右侧出现

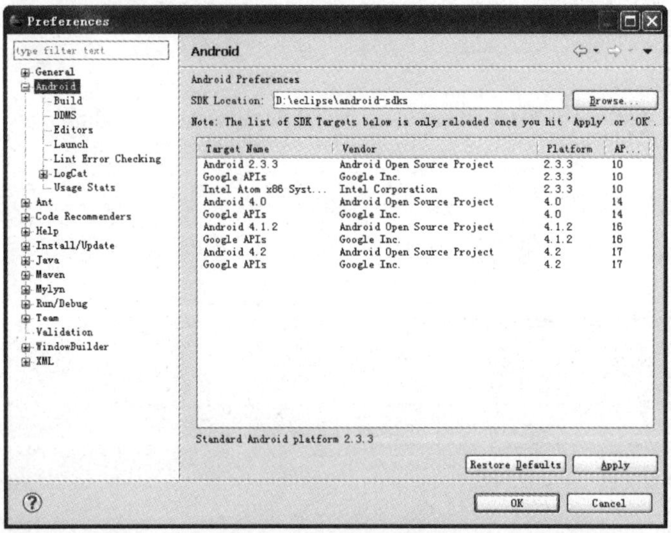

图 8-8　设定 Eclipse 的 Android SDK 文件夹路径

“Installed” 字样。

单击“Android virtual Devices”，弹出如图 8-10 所示的对话框。单击“New”按钮，弹出如图 8-11 所示的对话框。在“AVD name”中，为 Android 虚拟器起一个名字，比如 AVD_for_5_4in_FWVGA，然后在 Target 字段中选择一个 Android 的版本。通常选择最高的版本，也可以根据需要来选择。在下方的字段中还可以指定 SD 卡的容量，写入“5000”，表示 5GB；也可以写入任意数字，只要完成存储空间足够大。

设置完成后，单击“OK”按钮，过一会儿，就会在对话框中出现如图 8-12 所示的 Android 虚拟设备。选择建立好的虚拟设备并单击“start”按钮，出现一个 Android 模拟器，如图 8-13 所示。

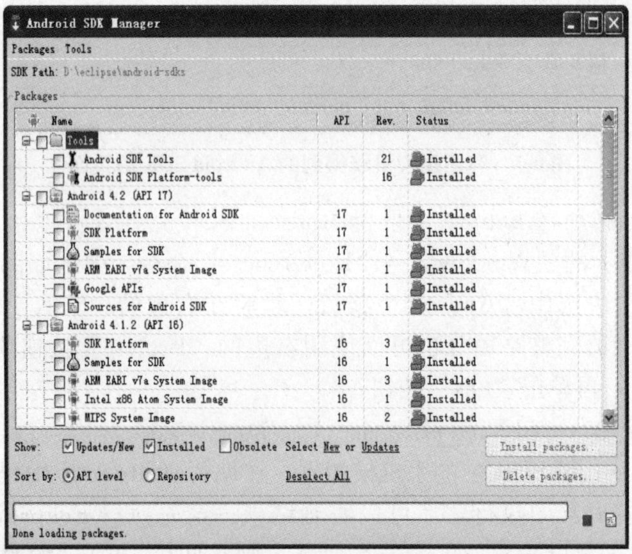

图 8-9　“Android SDK Manager”对话框

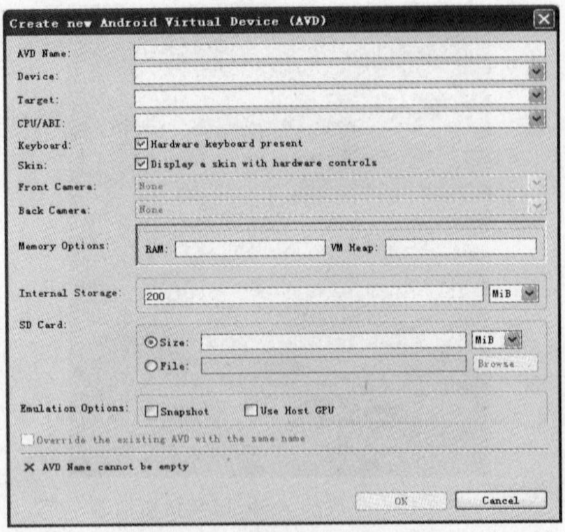

图 8-10 “新建 AVD”对话框

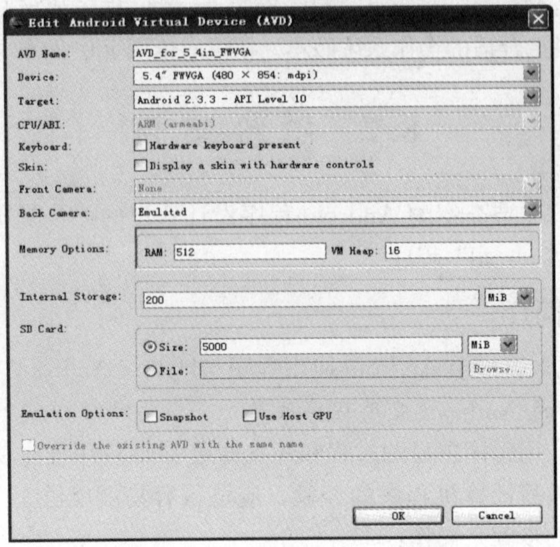

图 8-11 “编辑 AVD”对话框

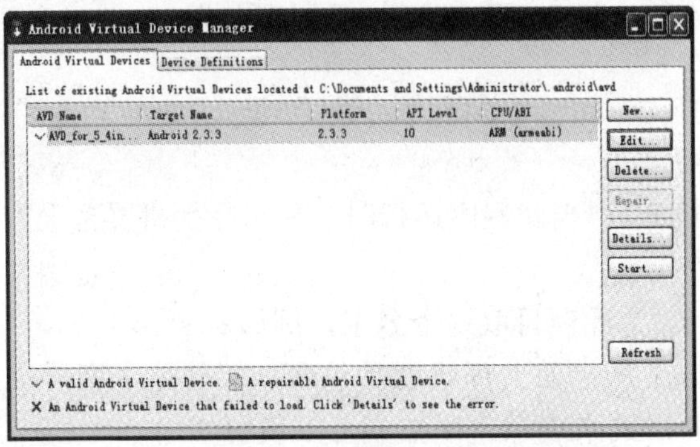

图 8-12 新增手机模拟器的对话框

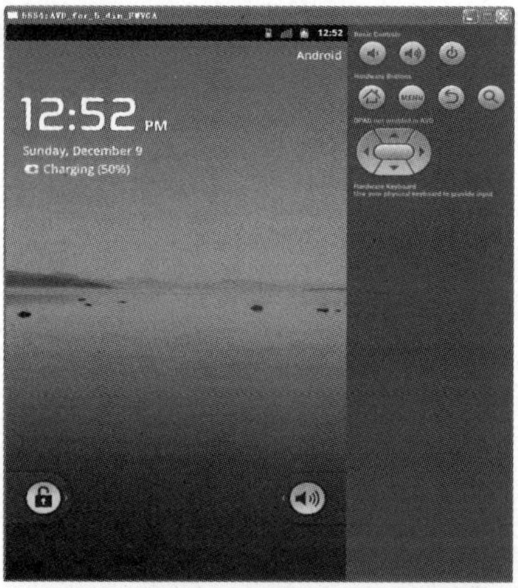

图 8-13 生成的 Android 手机模拟器

完成上述步骤之后，安装 Android 程序开发工具的任务就大功告成了。如果读者的计算机使用 Linux 或是 Mac 操作系统计算机，安装 Android 程序开发工具的过程与上述步骤非常类似，只是要挑选合适的操作系统版本。请读者依照上述步骤来完成安装。

8.2 初阶案例

本案例是基于 8.1 节介绍的 Android 程序设计知识的一个初阶案例，使用 Eclipse 建立一个“Hello，Android”程序。

8.2.1 案例简介

使用 Eclipse 建立第一个 Android 应用程序“Hello，Android”。

1. 建立一个新的 Android 应用程序项目

建立 Android 应用程序项目的过程和建立普通 Java 应用程序项目的过程大致相同，如果读者已经具备编写计算机程序的经验，应该很容易就能够上手。如果不熟悉也不要紧，请按照下面的步骤来操作：

（1）运行 Eclipse 程序。

（2）从菜单中选择“File”→“New”→“Project”命令，弹出如图 8-14 所示的对话框。

在对话框中选择“Android Application Project”，再单击“Next”按钮，弹出如图 8-15所示的对话框。

①Application Name：当此程序运行时，显示在手机屏幕上方的标题，例如“我的第一个 Android 程序”。

②Project Name：为此项目取一个名字，例如 first。

③Package Name：从字面上理解就是包名，但是这个字段决定程序在文件夹中的存储路径，用网址的格式来表示。比如，可以填写“tw. android。”注意，至少要有两层，也就是 XXX. XXX。

④Minimum Required SDK：是 Android 的最小安装版本，这里选择 2.2。

⑤Target SDK：目标 SDK。选择 4.1。

⑥Compile With：用什么版本来编译。可以选用最新的 Android SDK 版本，这里选择 4.2。

⑦Theme：主题。

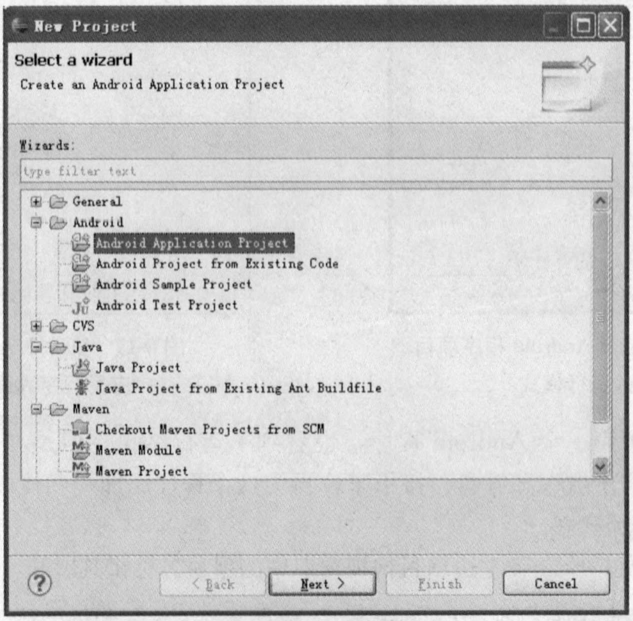

图 8-14　建立新程序项目的对话框

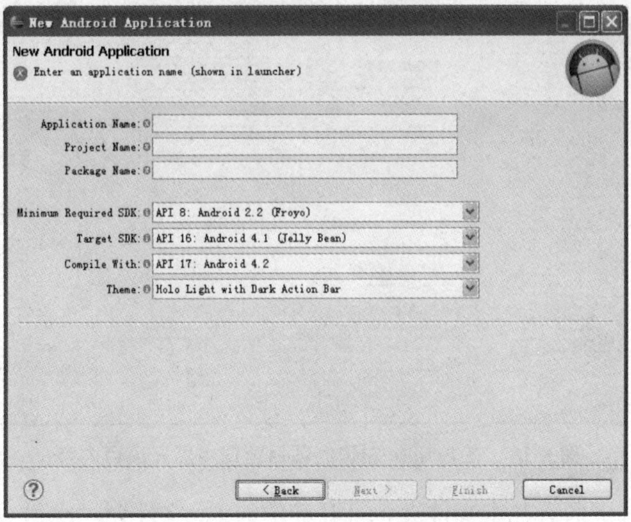

图 8-15　设置 Android Application 属性对话框

填好完成后单击“Finish”按钮，然后单击“Run”按钮，将弹出如图 8-16 所示的对话框。选择“Android Application”，并单击“OK”按钮。

Eclipse 自动启动手机模拟器，然后把程序安装上去并运行。这个过程可能较慢，启动的速度取决于计算机的运行速度，最后的结果如图 8-17 所示。

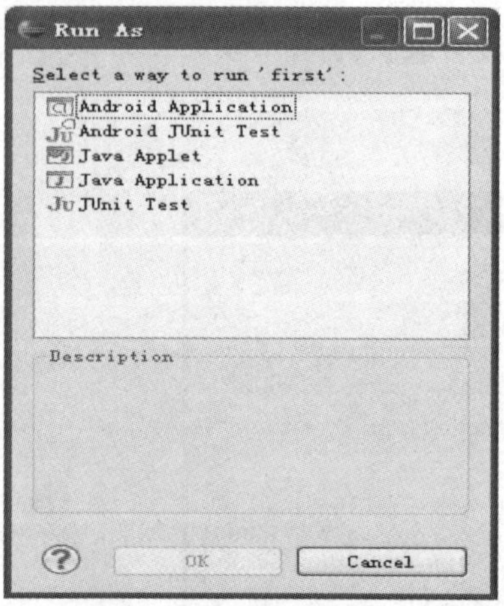

图 8-16　选择 Android 程序项目的运行模式

图 8-17　第一个 Android 应用程序界面

至此，建立了第一个 Android 程序，也看到了运行结果，但是并没有写入任何程序代码，只是利用了鼠标和键盘。接下来，再为这个程序添加一些代码。

2. 为程序增加代码

(1) 用鼠标单击 Eclipse 左边项目检视窗口中的项目名称将其展开，如图 8-18 所示。

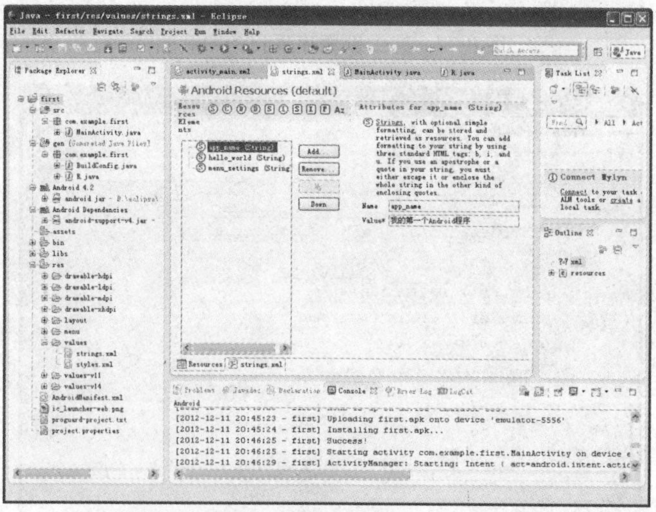

图 8-18　在 Eclipse 左边的项目窗口中展开项目内容

(2) 项目名称下面有几个文件夹，打开其中的 res 文件夹，找到 values 文件夹并展开。用鼠标双击 strings. xml 文件，该文件便会出现在 Eclipse 的编辑窗口中。

(3) strings. xml 文件有两种编辑模式，第一种是 Resource 模式，左边会有一个项目列表，还有一些控制按钮，右边是每一个项目的说明和设置值；第二种模式是原始的 XML 文件文本模式。如果用户已经熟悉 XML 文件的语法，可直接在 XML 文本模式下编辑。在此使用 Resources 模式。单击 hello _ world (String) 条目，再把右边的 Value 字段内容改为“你好，这个程序的主类名叫 MainActivity”然后添加一个按钮。

（4）仿照第（2）步打开“res”→“layout”→“activity _ main. xml”文件。

（5）在最后一行的上方，也就是〈/RelativeLayout〉的上一行插入下列程序代码。输入时，请注意遵守原来文件的锯齿状编排格式，以方便阅读。

```
<Button
        android:layout_width="fill_parent"
        android:layout_height="wrap_content"
    />
```

完成后单击“Run”按钮，会看到如图 8-19 所示的结果。我们发现，显示信息改变了，并且多了一个按钮。当然，现在单击这个按钮不会有任何反应，因为还没有加入处理按钮的程序代码。

图 8-19　修改后的 Android 应用程序界面

8.3　了解 Android 程序项目的架构和执行流程

在 8.2 节的实例中，只是针对程序的资源进行修改（即放在项目的 res 中的文件）。现在来看看真正的项目代码。

Android 程序项目的代码放在项目的 src 文件夹中，如图 8-20 所示。该文件夹中会根据用户在建立项目时输入的 Package Name 建立一个 Package，再把程序文件放置其中。而程序文件的名称就是在建立项目时输入的 Activity 名称。

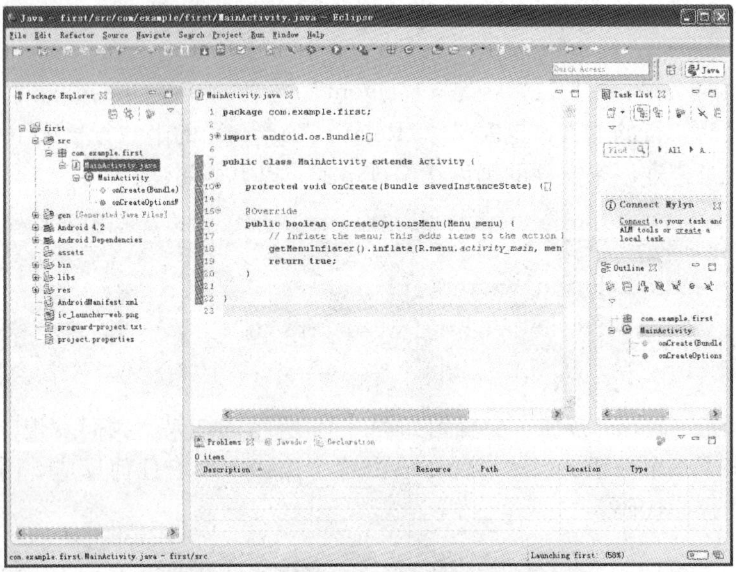

图 8-20　Android 程序项目的 src 文件夹

根据 8.2 节建立的程序项目，程序文件是 src/tw. android/MainActivity. java。请读者双击打开该项目，可以看到如下程序代码。

第一行指定该程序属于哪个 package。package 的名称就是对应到特定路径的文件夹。一个 package 中可以包含多个程序文件。

```
1  package com. example. first;
   //加载程序需要的类,这里面是 Android 程序需要使用的类
3  import android. os. Bundle;
4  import android. app. Activity;
5  import android. view. Menu;
```

建立一个主类 MainActivity。该类继承自 Activity 类，它就是这个项目的主类，也是程序开始执行的地方。

```
7  public class MainActivity extends Activity {
```

下面的@Overide 是说从第 10 行开始的 onCreate() 方法要取代原来基础类 Activity 中的 OnCreate() 方法。这就是 Java 中方法的重写。

```
9  @Override
10  protected void onCreate(Bundle savedInstanceState){
```

第 11 行是调用基础类 Activity 的 onCreate 方法，把 Android 系统传进来的 saveInstanceState 对象也传给它处理。因为 Android 程序有许多内部要处理的工作，这些工作可以根据调用基础类的方法来完成。

```
11  super. onCreate(savedInstanceState);
```

下面这行代码调用 setContentView() 方法并指定使用程序接口 R. layout. main，于是程序显示用户所指定的接口。

```
setContentView(R. layout. activity_main);
}

@Override
public boolean onCreateOptionsMenu(Menu menu) {
   //Inflate the menu; this adds items to the action bar if it is present.
   getMenuInflater(). inflate(R. menu. activity_main, menu);
   return true;
}

}
```

关于 R. layout. main，请读者在项目窗口中把项目中的 gen 文件夹展开（参考图 8-19），可以看到其中有一个 package，里面包含一个 R. java 文件。用鼠标双击把它打开，可以看到如下程序代码：

```
//注释部分
/* AUTO-GENERATED FILE.  DO NOT MODIFY.
*
* This class was automatically generated by the
* aapt tool from the resource data it found.  It
* should not be modified by hand.
*/
package com. example. first;
  //下面定义 class R
public final class R {
   public static final class attr {
   }
   public static final class drawable {
        public static final int ic_launcher=0x7f020000;
   }
   public static final class id {
        public static final int menu_settings=0x7f070000;
   }
   public static final class layout {
        public static final int activity_main=0x7f030000;
```

```
    }
    public static final class menu {
        public static final int activity_main=0x7f060000;
    }
    public static final class string {
        public static final int app_name=0x7f040000;
        public static final int hello_world=0x7f040001;
        public static final int menu_settings=0x7f040002;
    }
    public static final class style {  }}
```

这个 R. java 的资源文件是由 Android 程序的编译程序自动生成的，请不要做任何修改。其中，类 R 的子类 layout 中的 main 属性对应到项目下的 res/layout/main. xml 文件。根据上面的说明，读者应该对于这个项目的架构和执行流程有了初步的理解。

小提示

在程序代码编辑窗口中，如果看到某一行的最前面有一个小圆圈，并且里面有一个加号，表示可以用鼠标单击那个加号，把程序代码进一步展开。如果是小圆圈里面有一个减号，表示可以单击把程序代码收起来。

8.4　高 阶 案 例

初阶案例只是显示一行简单的文本，且只有操作接口。在高阶案例中，我们会添加实际功能的程序代码，建立一个具有实际功能的程序。

8.4.1　案例简介

本案例中，将使用 TextView、EditText 和 Button 接口组件，这三个接口组件是最常使用的程序操作接口。TextView 主要用来显示信息，例如域名或是程序的处理结果。EditText 让用户输入数据；Button 让用户按下按钮，以启动处理程序。

该程序实现的功能是根据一个男性或女性的年龄，给出是否着急结婚、开始找对象或是赶快结婚的 3 种不同的建议。

利用这 3 种接口组件完成如图 8-3 所示的操作界面。

8.4.2　案例程序设计

在 res/layout/activity _ main. xml 文件中建立 3 个 TextView 组件、2 个 EditText 组件和 1 个 Button 组件。建立接口组件时，必须设置好每一个接口组件的属性。

1. TextView 接口组件

TextView 接口组件的功能是显示信息，用户无法编辑其中的文字。在 res/layout/activitymain. xml 文件中，按照如下语法格式加入 TextView 组件：

```
<TextView android:id ="@+id"/自定义组件名称
android:属性="属性值"
...
/>
```

这就是 XML 的语法。TextView 是标签名称，后面是它的属性。第一个属性 android:id 是设置这个 TextView 组件的名称，它的值“@+id/自定义组件名称”中的“@+id/”是一个指令，指示要将后面的组件名称加入程序资源 R 中的 id 类别，这样，程序才能够找到此组件。如果程序执行过程中不会再更改组件的内容，可以省略 android:id 属性。接下来的每一行都是设置一个属性值，最常用的属性包括 android:layout_width、android:layout_height 和 android:text，它们分别决定组件的宽、高和组件内显示的文字，例如下面的范例。

```
<TextView android:id = "@+id/txtResult"
        android:layout_width="fill_parent"
        android:layout_height="wrap_content"
        android:text="程序执行结果"
/>
```

以上程序代码的功能是增加一个名为 txtResult 的 TextView 组件，它的宽度是填满其所在的外框；它的高由文字的高度来决定；组件中会显示“程序执行结果”这个字符串。

在决定接口组件的名称时，为了在程序代码中能够清楚地知道接口组件的种类，可以在组件名称的前面加上小写的组件类型的缩写。例如，把上述 TextView 组件取名为 txtResult，前面的 3 个小写字母 txt 表示这是一个 TextView 接口组件。后面都采用这种方式来命名。

除了上面介绍的属性外，如果读者想了解其他属性，可以搜索 Android TextView，或者进入 http: //developer. android. com/reference 网站查询，里面有非常详细的属性列表和解释，如图 8-21 所示。

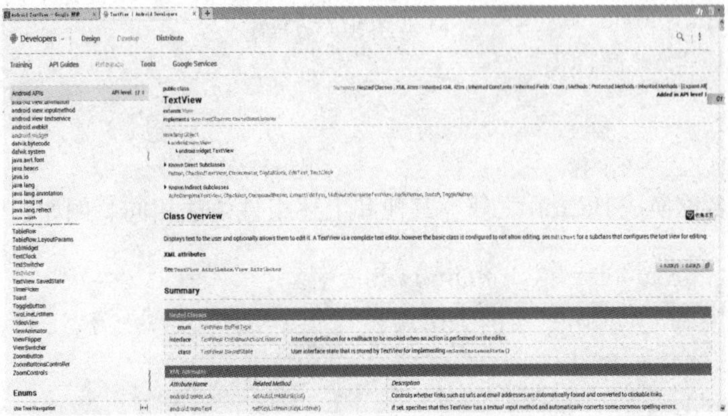

图 8-21 利用 Google 搜索到的 Android TextView 的组件说明

小提示

在阅读上述说明时应注意，Android 程序的所有接口组件都是以面向对象技术的继承方式产生，在每一个接口组件说明页的最上方会有一个继承的层次图。如果在目前的组件说明页中查不到想要的属性，表示该属性是定义在它所继承的基础类别中，可以按照继承的层次图查阅其类别。

2. EditText 接口组件

EditText 组件能让用户在上面编辑文字，再让程序读取该字符串。可以在 res/layout/activitymain. xml 文件中按照如下语法加入 EditText 组件：

```
<EditText android:id ="@+id/自定义组件名称"
android:属性="属性值"
...
/>
```

与前面所述 TextView 组件的语法相比较，二者除了标签名称不同以外，其余的格式都一样。例如，可以利用以下程序代码建立一个 EditText 组件：

```
<EditText android:id ="@+id/edtSex"
    android:layout_width="fill_parent"
    android:layout_height="wrap_content"
    android:inputType="text"
     android:text=""
/>
```

上述代码中的 android:inputType 属性用于限制该组件中可以输入的字符类型，text 表示任何字符都可以接受。如果设置成 number，则只能输入 0～9 的数字字符。

3. Button 组件

Button 组件是让用户按下，以启动程序的某一项功能，其语法格式如下：

```
<Button android:id ="@+id/自定义组件名称"
android:属性="属性值"
...
/>
```

除了标签名称换成 Button 之外，其他和上述组件语法相同。例如，以下程序代码：

```
<Button android:id="@+id/btnDoSug"
android:layout_width="fill_parent"
    android:layout_height="wrap_content"
    android:text="执行"
/>
```

在屏幕上建立一个按钮，按钮上显示“执行”。

下面是高阶程序项目的操作界面代码。

第 1 行表示这是一个 XML 文档，采用的是 XML 1.0 版本，编码是 utf－8。

```
1  <? xml version="1.0" encoding="utf-8"? >
```

第 2 行中的 LinearLayout 表示是线性布局，其中的 xmlns 是 xml 的命名空间。

```
2  <LinearLayout xmlns:android=http://schemas.android.com/apk/res/android
```

第 3 行中的 vertical 表示排列方向是垂直的。

```
3  android:orientation="vertical"
```

定义布局宽度。fill _ parent 设置一个顶部布局，或控件强制性让它布满整个屏幕。

```
4  android:layout_width="fill_parent"
```

定义布局高度。

```
5  android:layout_height="fill_parent"
6    >  //LinearLayout 标签的起始部分
```

下面是第一个 TextView 组件，显示“性别”。wrap _ content 布局指根据视图内部内容自动扩展，以适应其大小。

```
7  <TextView
8    android:layout_width="fill_parent"
9    android:layout_height="wrap_content"
10   android:text="性别:"
11   /> //TextView 组件结束,此组件是关于性别的。
```

下面是第一个 EditText 组件 edtSex，输入类型为文本，用来输入性别是“男”或“女”。

```
12  <EditText android:id="@+id/edtSex">
13  android:layout_width="fill_parent"
14  android:layout_height="wrap_content"
15  android:inputType="text"
16  android:text=""
17  />
```

第二个 TextView 组件，用来显示“年龄”。

```
<TextView
android:layout_width="fill_parent"
android:layout_height="wrap_content"
android:text="年龄："
/>
```

第二个 EditText 组件 edtAge，输入类型为数字，用来输入年龄。

```
<EditText android:id="@+id/edtAge"
android:layout_width="fill_parent"
android:layout_height="wrap_content"
android:inputType="number"
android:text=""
/>
```

第一个 Button 组件 btnDoSug，用来显示按钮“婚姻建议”。

```
<Button android:id="@+id/btnDoSug"
android:layout_width="fill_parent"
android:layout_height="wrap_content"
android:text="婚姻建议"
/>
```

第三个 TextView 组件 txtResult，显示结果文字。

```
<TextView android :id ="@+id/txtResult"
android:layout_width="fill_parent"
android:layout_height="wrap_content"
android:text="结果"
/>
</LinearLayout >  //LinearLayout 结束
```

其中，<LinearLayout >标签指定接口组件采用线性顺序排列。

4. 链接接口组件和程序代码

设置好 res/layout/mainactivity. xml 文件中的接口组件之后，下一步就是编写控制接口组件的程序代码。程序的操作方式是在使用者输入性别和年龄之后单击按钮，程序读取用户的性别和年龄，然后显示判断结果。因此，接口组件和程序代码之间必须能够互动，以完成下列 3 件事：

（1）btnDoSug 按钮被按下时，程序开始执行判断的程序代码。

（2）程序代码必须能够读取 edtSex 和 edtAge 这两个 EditText 组件中的字符串。

（3）程序代码必须将最后的判断结果显示在 txtResult 组件中。

5. 设置 Button 组件的 click 事件 Listener

事件 Listener 就是用来处理某一个组件的事件的处理程序。例如，当用户单击某一个 EditText 组件时，这个单击动作引发 EditText 组件的 click 事件。该事件传到 EditText 组件的 click 事件的 Lisenter 中处理。像 Android 这种图形接口的程序架构，就是利用各式各样的事件处理程序来执行用户的操作，而事件处理程序在 Android 程序中就称为事件 Listener。要设置 Button 组件的事件 Listerner，需要完成以下 3 个步骤。

（1）建立一个 Button 的 OnclickListener 对象。

OnClickListener 对象就是 click 事件的 Listener，利用以下代码建立一个 OnClickListener 对象。将此 OnClickListener 对象取名为 btnDoSugOnClick，因为它将被设置成 btnDoSug 的 click 事件 Listener。

```
Button. OnClickListener btnDoSugOnClick = new Button. OnClickLisenter(){
    Public void onClick(View v){
        //按下按钮后要执行的程序代码
    ...
}
```

（2）在程序代码中取得 res/layout/mainactivity. xml 接口文件中的 Button 组件。

定义在接口布局文件中的所有组件在经过编译之后都会放在“gen/（套件名称）/R. java”资源文件中，可以利用 findViewById()方法从 R. java 文件中取得接口组件。例如，

```
Button btnDoSug = (Button)findViewById(R. id. btnDoSug)
```

将取得的 btnDoSug 组件存入一个同名的 Button 对象。其实这两个对象的名称可以不同，只是为了容易辨别，故意使用相同的名称。

（3）把在第（1）步建立的 OnClickLisenter 对象设置成第（2）步中 Button 对象的 click 事件 Listener。

```
btnDoSug. setOnClickListener(btnDoSugOnClick);
```

将上述三个步骤的程序代码整合到原来项目的主类代码中，得到如下结果。

首先导入所需要的类。要在程序代码中使用接口组件，必须在程序前 import 套件，“import android. wiget. *;”。在 OnClickLisenter 对象中用到一个 View 对象，所以还要“import android. view. View;”。

```
package com. example. first;



import android. app. Activity;
```

```
import android. os. Bundle;
import android. view. View;
import android. widget. * ;

 public class MainActivity extends Activity {

 private Button btnDoSug;
 private EditText edtSex, edtAge;
 private TextView txtResult;

 /* * Called when the activity is first created. */
   @Override
   public void onCreate(Bundle savedInstanceState) {
         super. onCreate(savedInstanceState);
         setContentView(R. layout. main);

        // 从资源类别 R 中取得接口组件
   btnDoSug = (Button)findViewById(R. id. btnDoSug);
      edtSex = (EditText)findViewById(R. id. edtSex);
      edtAge = (EditText)findViewById(R. id. edtAge);
      txtResult = (TextView)findViewById(R. id. txtResult);

      // 设置 Button 组件的事件 Listener
      btnDoSug. setOnClickListener(btnDoSugOnClick);
      }

 private Button. OnClickListener btnDoSugOnClick=new Button. OnClickListener(){
 public void onClick(View v) {
 //单击按钮后要执行的程序代码
  ...
 }
 };
 }
```

小提示

用户在编写程序的过程中如果忘记 import 所需的套件，程序代码编辑器会标示一个错误。当把光标移到该错误的地方时，会弹出信息窗口，建议 import 某一个套件。单击“import”即可自动完成。

6. 取得 edtSex 和 edtAge 接口组件中的字符串

在前面的代码中，我们从资源类别 R 取得 edtSex 和 edtAge 接口组件，也把它们设置给同名的对象。接下来，利用 EditText 对象本身提供的 getText() 方法来取得字符串，然后把字符串数据转成 String 类型存入一个 String 对象，如下所示：

```
String strSex = edtSex.getText().toString();
```

也可以用同样的方法来取得 edtAge 中的字符串，不过因为年龄应该是数值类型，所以要将得到的 String 对象转成 int 类型的数据，代码如下：

```
int iAge = Integer.parseInt(edtAge.getText().toString());
```

7. 将结果显示在 txtResult 接口组件

textResult 接口组件在前面的程序代码中取得并设置给一个同名的对象。只要将程序要显示的信息存入一个 String 对象，再把该对象利用 txtResult 对象的 setText()方法设置给它即可。

```
String strSug="程序的执行结果";
txtResult.setText(strSug);
```

将上述程序代码范例中和到程序文件的 onClick 方法中，再加上对于性别和年龄的判断条件，得到如下程序代码：

```
private Button.OnClickListener btnDoSugOnClick=new Button.OnClickListener(){
public void onClick(View v) {
```

下面就是按下按钮后要执行的程序代码：

```
        String strSex = edtSex.getText().toString();
        int iAge = Integer.parseInt(edtAge.getText().toString());

        String strSug = "结果:";
        if (strSex.equals("男"))
            if (iAge < 28)
                strSug += "不急";
            else if (iAge > 33)
                strSug += "赶快结婚";
            else
                strSug += "开始找对象";
        else
            if (iAge < 25)
                strSug += "不急";
            else if (iAge > 30)
```

```
                    strSug += "赶快结婚";
                else
                    strSug += "开始找对象";

            txtResult.setText(strSug);
        }
    };
}
```

至此完成高阶案例的制作。通过这个案例，可以了解整个 Android 程序的架构和执行流程，这是后续学习 Android 的重要基础。如果想进一步了解 Android，请翻阅相关书籍，这里不再展开。

本章实训

1. 实训目的

(1) 了解 Android 程序设计方法，掌握搭建 Android 基本环境的方法。

(2) 掌握 Android 模拟器的使用方法。

2. 实训内容

使用本章内容实现一个“Hello，Android”程序。要求程序运行后，显示标题“XXX 的第一个 Android 程序”，屏幕内容为“Hello，Android”。

3. 实训步骤

(1) 按照 8.1 节的内容搭建 Android 开发环境。

(2) 建立相应的模拟器。

(3) 仿照 8.2 节建立一个“Hello，Android”项目。

(4) 修改 values 中的 XML 文件，XXX 用自己的名字替换。

```
<? xml version="1.0" encoding="utf-8" ?>
— <resources>
<string name="app_name">  XXX 第一个 Android 程序</string>
<string name="hello_world">  Hello,Android </string>
<string name="menu_settings">  Settings </string>
</resources>
```

(5) 代码编写完成后，在 Eclipse 中调试并测试程序。

本章小结

通过本章的学习，读者可以了解并掌握有关 Android 开发环境搭建和简单程序开发的基本方法。本章以基础实例为引导，首先介绍了 Android 程序开发的工具，重点讲解程序开发工具的安装步骤和手机模拟器的生成，并在此基础上实现了一个“Hello，world”的实例；然后，介绍了 Android 程序项目的架构和执行流程，以及接口组件的相关知识；最后，利用上述知识实现了一个婚姻建议的实际程序。

课外阅读

关于 Android

1. 系统简介

Android 一词的本义指“机器人”，也是 Google 于 2007 年 11 月 5 日宣布的基于 Linux 平台的开源手机操作系统的名称。该平台由操作系统、中间件、用户界面和应用软件组成。

Android 一词最早出现于法国作家利尔亚当（Auguste Villiers de l'Isle-Adam）在 1886 年发表的科幻小说《未来夏娃》(*L'ève future*）中。他将外表像人的机器起名为 Android。

Android 的 Logo 是由 Ascender 公司设计的。其中的文字使用了 Ascender 公司专门制作的称为“Droid ”的字体。Android 是一个全身绿色的机器人，绿色也是 Android 的标志。颜色采用了 PMS 376C 和 RGB 中十六进制的＃A4C639 来绘制，这是 Android 操作系统的品牌象征。有时候，还使用纯文字的 Logo。

2012 年 7 月，美国科技博客网站 BusinessInsider 评选出 21 世纪十款最重要电子产品，Android 操作系统和 iPhone 榜上有名。

2. 发行版本

Android 在正式发行之前，拥有两个内部测试版本，并且以著名的机器人名称来命名，分别是阿童木（Android Beta）和发条机器人（Android 1.0）。后来由于涉及到版权问题，谷歌将 Android 各代版本的命名规则变更为用甜点作为系统版本的代号。甜点命名法开始于 Android 1.5 发布的时候。作为每个版本代表的甜点，尺寸越变越大，然后按照 26 个字母排序：纸杯蛋糕（Android 1.5）、甜甜圈（Android 1.6）、松饼（Android 2.0/2.1）、冻酸奶（Android 2.2）、姜饼（Android 2.3）、蜂巢（Android 3.0）、冰激凌三明治（Android 4.0）、果冻豆（Jelly Bean，Android 4.1 和 Android 4.2）。

3. 系统架构

Android 的系统架构和其操作系统一样，采用分层架构。从下面的架构图来看，Android 结构分为四层，从高层到低层分别是应用程序层、应用程序框架层、系统运行库层和 Linux 内核层。

(1) 应用程序

Android 会同一系列核心应用程序包一起发布。该应用程序包包括客户端、SMS 短消息程序、日历、地图、浏览器、联系人管理程序等。所有的应用程序都是使用Java 语言编写的。

(2) 应用程序框架

开发人员也可以完全访问核心应用程序所使用的 API 框架。该应用程序的架构设计简化了组件的重用；任何一个应用程序都可以发布它的功能块，并且任何其他应用

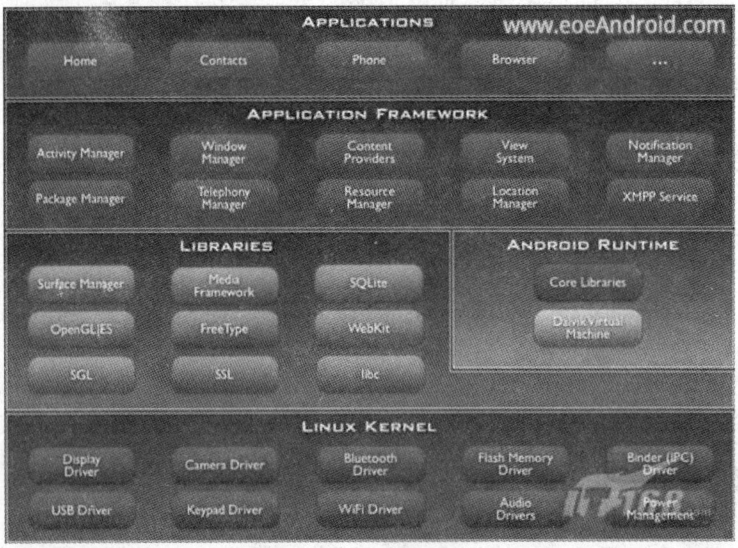

程序都可以使用其所发布的功能块（需遵循框架的安全性）。同样，该应用程序重用机制使用户可以方便地替换程序组件。

隐藏在每个应用后面的是一系列服务和系统，其中包括：

①丰富而又可扩展的视图（Views），用来构建应用程序，包括列表（Lists）、网格（Grids）、文本框（Text boxes）、按钮（Buttons），甚至可嵌入的 Web 浏览器。

②内容提供器（Content Providers），使得应用程序可以访问另一个应用程序的数据（如联系人数据库），或者共享它们自己的数据。

③资源管理器（Resource Manager），提供非代码资源的访问，如本地字符串、图形和布局文件（Layout files）。

④通知管理器（Notification Manager），使得应用程序可以在状态栏中显示自定义的提示信息。

⑤活动管理器（Activity Manager），用来管理应用程序生命周期，并提供常用的导航回退功能。

注：上述课外阅读文章摘编自百度百科。

课后作业

修改扩展实例，将其改写为一个给成绩定级的程序，即 60 分以下为不及格，60～69 分为及格，70～79 分为中等，80～89 分为良好，90 分以上为优秀。

附录 A　Java 常用类

类名：Applet

说明：表示打印输出流

所属包：java. io

常用方法：

方法名	说　　明
void paint(Graphics g)	绘制内容
void init()	由浏览器或 applet viewer 调用，通知此 applet 它已经被加载到系统

类名：Boolean

说明：表示 boolean 类型数据的封装类

所属包：java. lang

常用方法：

方法名	说　　明
int parseBoolean(String s)	将字符串转换成 boolean 型数据
String toString(boolean)	将 boolean 型数据转换成字符串

类名：BufferedReader

说明：从字符输入流中读取文本，缓冲各个字符

所属包：javax. io

常用方法：

方法名	说　　明
void close()	关闭流
void mark(int readAheadLimit)	标记当前位置
boolean markSupported()	是否支持标记
int read()	继承自 Reader 的基本方法
int read(char[] cbuf, int off, int len)	继承自 Reader 的基本方法
String readLine()	读取一行内容，并以字符串形式返回
boolean ready()	判断流是否已经做好读入的准备
void reset()	重设到最近的一个标记
long skip(long n)	跳过指定个数的字符读取

类名： Byte
说明： 表示 byte 类型数据的封装类
所属包： java. lang
常用方法：

方法名	说明
int parseByte(String s)	将字符串转换成 byte 型数据
String toString(byte b)	将 byte 型数据转换成字符串

类名： Character
说明： 表示 char 类型数据的封装类
所属包： java. lang
常用方法：

方法名	说明
String toString(int i)	将 char 型数据转换成字符串

类名： DatagramPacket
说明： 表示数据报包
所属包： java. net
常用方法：

方法名	说明
InetAddress getAddress()	返回某台机器的 IP 地址，此数据报将要发往该机器，或者是从该机器接收到的
byte[]getData()	返回数据缓冲区
int getLength()	返回将要发送或接收到的数据的长度
int getPort()	返回某台远程主机的端口号。此数据报将要发往该主机，或者是从该主机接收到的
SocketAddress getSocketAddress()	获取要将此包发送到的或发出此数据报的远程主机的 SocketAddress（通常为 IP 地址 + 端口号）
void setAddress(InetAddress iaddr)	设置要将此数据报发往的那台机器的 IP 地址
void setData(byte[] buf)	为此包设置数据缓冲区
void setLength(int length)	为此包设置长度
void setPort(int iport)	设置要将此数据报发往的远程主机上的端口号
void setSocketAddress(SocketAddress address)	设置要将此数据报发往的远程主机的 SocketAddress（通常为 IP 地址 + 端口号）

类名： DatagramSocket
说明： 表示用来发送和接收数据报包的套接字
所属包： java. net

常用方法：

方法名	说　明
void bind(SocketAddress addr)	将此 DatagramSocket 绑定到特定的地址和端口
void close()	关闭此数据报套接字
void connect(InetAddress address, int port)	将套接字连接到此套接字的远程地址
void receive(DatagramPacket p)	从此套接字接收数据报包
void send(DatagramPacket p)	从此套接字发送数据报包

类名： Double

说明： 表示 double 类型数据的封装类

所属包： java. lang

常用方法：

方法名	说　明
int parseDouble(String s)	将字符串转换成 double 型数据
String toString(double d)	将 double 型数据转换成字符串

类名： File

说明： 文件和目录路径名的抽象表示形式

所属包： javax. io

常用方法：

方法名	说　明
public String getName()	返回由此抽象路径名表示的文件或目录的名称。该名称是路径名的名称序列中的最后一个名称。如果路径名的名称序列为空，则返回空字符串
public String getPath()	将此抽象路径名转换为一个路径名字符串。所得到的字符串使用默认名称分隔符来分隔名称序列中的名称
public boolean exists()	测试此抽象路径名表示的文件或目录是否存在
public boolean isDirectory()	测试此抽象路径名表示的文件是否是一个目录
public boolean createNewFile() throws IOException	当且仅当不存在具有此抽象路径名指定的名称的文件时，原子地创建由此抽象路径名指定的一个新的空文件。检查文件是否存在，如果不存在，则创建该文件。这是单个操作，对于其他所有可能影响该文件的文件系统活动来说，该操作是原子的
public boolean mkdir()	创建此抽象路径名指定的目录

类名： Float

说明： 表示 float 类型数据的封装类

所属包： java. lang

常用方法：

方法名	说　明
int parseFloat(String s)	将字符串转换成 float 型数据
String toString(float f)	将 float 型数据转换成字符串

类名： Graphics

说明： applet 是一种不能单独运行，但可嵌入在其他应用程序中的小程序。applet 类提供了 applet 及其运行环境之间的标准接口

所属包： java. awt

常用方法：

方法名	说明
void drawString(String s, int x, int y)	在指定的位置绘制字符串

类名： Integer

说明： 表示 int 类型数据的封装类

所属包： java. lang

常用方法：

方法名	说明
int parseInt(String s)	将字符串转换成 int 型数据
String toString(int i)	将 int 型数据转换成字符串

类名： JButton

说明： "push" 按钮的实现

所属包： javax. swing

常用方法：

方法名	说明
String paramString()	返回此 JButton 的字符串表示形式
String getUIClassID()	返回指定呈现此组件的 L&F 类的类名，以字符串的形式

类名： JCheckBoxMenuItem

说明： 可以被选定或取消选定的菜单项

所属包： javax. swing

常用方法：

方法名	说明
boolean getState()	返回菜单项的选定状态
voidsetState(boolean b)	设置菜单项的选定状态

类名： JDialog

说明： 创建对话框窗口的主要类

所属包： javax. swing

常用方法：

方法名	说明
Container getContentPane()	返回此对话框的 contentPane 对象
void remove(Component comp)	从该容器中移除指定组件

类名： JMenu

说明： 菜单的实现

所属包： javax. swing

常用方法：

方 法 名	说 明
JMenuItem add(Action a)	创建连接到指定 Action 对象的新菜单项，并将其追加到此菜单的末尾
Component add(Component c)	将组件追加到此菜单的末尾
void addSeparator()	将新分隔符追加到菜单的末尾
void addMenuListener(MenuListener l)	添加菜单事件的侦听器
JMenuItem add(JmenuItem menuItem)	将某个菜单项追加到此菜单的末尾
JMenuItem insert(JmenuItem mi, int pos)	在给定位置插入指定的 JMenuitem
void insertSeparator(int index)	在指定的位置插入分隔符
void remove(Component c)	从此菜单移除组件 c
void setMnemonic(int mnemonic)	设置按钮的助记符

类名： JMenuItem

说明： 菜单中项的实现，表示数据报包

所属包： javax. swing

常用方法：

方 法 名	说 明
void addMenuDragMouseListener(MenuDragMouseListener l)	将 MenuDragMouseListener 添加到菜单项
Key Stroke getAccelerator()	返回作为菜单项的加速器的 KeyStroke
void AddMenuKeyListener(MenuKeyListener l)	将 MenuKeyListener 添加到菜单项
void setEnabled(Boolean b)	启用或禁用菜单项

类名： JOptionPane

说明： JOptionPane 有助于方便地弹出要求用户提供值或向其发出通知的标准对话框

所属包： javax. swing

常用方法：

方 法 名	说 明
void showMessageDialog(Component parentComponent, Object message)	调出标题为“Message”的信息消息对话框
void showMessageDialog(Component parentComponent, Object message, String title, int messageType)	调出对话框，它显示使用由 messageType 参数确定的默认图标的 message
String showInputDialog(Object message)	显示请求用户输入的问题消息对话框

类名： JTextArea

说明： 显示纯文本的多行区域

所属包：javax. swing

常用方法：

方法名	说　明
void append(String str)	将给定文本追加到文档结尾
int getColumns()	返回 TextArea 中的列数
int getRows()	返回 TextArea 中的行数
insert(String str, int pos)	将指定文本插入指定位置
setFont(Font f)	设置当前字体

类名：JTextField

说明：编辑单行文本

所属包：javax. swing

常用方法：

方法名	说　明
addActionListener(ActionListener l)	添加指定的操作侦听器，以便从此文本字段接收操作事件
int getColumns()	返回此 TextField 中的列数
void setFont(Font f)	设置当前字体
String paramString()	返回此 JTextField 的字符串表示形式

类名：Long

说明：表示 long 类型数据的封装类

所属包：java. lang

常用方法：

方法名	说　明
int parseLong(String s)	将字符串转换成 long 型数据
String toString(long)	将 long 型数据转换成字符串

类名：Math

说明：表示数学类。Math 类包含用于执行基本数学运算的方法

所属包：java. lang

常用方法：

方法名	说　明
double random()	返回带正号的 double 值。该值大于等于 0.0 且小于 1.0

类名：PrintStream

说明：表示打印输出流

所属包：java. io

常用方法：

方 法 名	说　明
void print(boolean b)	打印 boolean 值
void print(char c)	打印字符
void print(int i)	打印整数
void print(long l)	打印 long 整数
void print(float f)	打印单精度浮点数
void print(double b)	打印双精度浮点数
void print(char[] s)	打印字符数组
void print(String s)	打印字符串
void print(Object obj)	打印对象
void println()	通过写入行分隔符字符串终止当前行
void println(boolean b)	打印 boolean 值，然后终止行
void println(char c)	打印字符，然后终止行
void println(int i)	打印整数，然后终止行
void println(long l)	打印 long 整数，然后终止行
void println(float f)	打印单精度浮点数，然后终止行
void println(double b)	打印双精度浮点数，然后终止行
void println(char[] s)	打印字符数组，然后终止行
void println(String s)	打印字符串，然后终止行
void println(Object obj)	打印对象，然后终止行

类名： Short

说明： 表示 short 类型数据的封装类

所属包： java. lang

常用方法：

方 法 名	说　明
int parseShort(String s)	将字符串转换成 short 型数据
String toString(Short s)	将 short 型数据转换成字符串

类名： ServerSocket

说明： 此类实现服务器套接字，实例等待请求通过网络传入，它基于该请求执行某些操作，然后可能向请求者返回结果

所属包： java. net

常用方法：

方 法 名	说　明
Socket accept()	侦听并接收到此套接字的连接
void bind(SocketAddress endpoint)	将 ServerSocket 绑定到特定地址（IP 地址和端口号）
void close()	关闭此套接字

类名： Socket
说明： 此类实现客户端套接字
所属包： java. net
常用方法：

方 法 名	说　明
void bind(SocketAddress bindpoint)	将套接字绑定到本地地址
void close()	关闭此套接字
void connect(SocketAddress endpoint)	将此套接字连接到服务器

类名： String
说明： 表示字符串包
所属包： java. lang
常用方法：

方 法 名	说　明
int length()	返回字符串长度

类名： System
说明： 表示系统包
所属包： java. lang
常用变量：

方 法 名	说　明
static PrintStream out	标准输出流

常用方法：

方 法 名	说　明
void exit(int status)	终止当前正在运行的 Java 虚拟机

附录 B Java 常用异常

1. 异常名称：BindException

说明：试图将套接字绑定到本地地址和端口时发生错误的情况下，抛出此异常。这些错误通常发生在端口正在使用中，或无法分配所请求的本地地址时。

所属包：java. net

2. 异常名称：ClassCastException

说明：当试图将对象强制转换为不是实例的子类时，抛出该异常。

所属包：java. lang

3. 异常名称：ConnectException

说明：试图将套接字连接到远程地址和端口时发生错误的情况下，抛出此异常。这些错误通常发生在拒绝远程连接时。

所属包：java. net

4. 异常名称：HeadlessException

说明：在不支持键盘、显示器或鼠标的环境中调用与键盘、显示器或鼠标有关的代码时，被抛出的异常。

所属包：java. awt

5. 异常名称：IllegalArgumentException

说明：抛出的异常表明向方法传递了一个不合法或不正确的参数。

所属包：java. lang

6. 异常名称：IOException

说明：当发生某种 I/O 异常时，抛出此异常。此类为异常的通用类，它是由失败的或中断的 I/O 操作生成的。

所属包：java. io

7. 异常名称：NullPointerException

说明：当应用程序试图在需要对象的地方使用 null 时，抛出该异常。

所属包：java. lang

8. 异常名称：SocketException

说明：抛出此异常，指示在底层协议中存在错误。

所属包：java. net

9. 异常名称：UnknownHostException

说明：主机 IP 地址无法确定而抛出的异常。

所属包：java. net

参考文献

参考书目：

1. 苏洋 . Java 语言实用教程 . 北京：北京希望电子出版社，2003

2. 耿祥义 . Java 2 实用教程（第二版）. 北京：清华大学出版社，2004

3. 王萌 . Java 程序设计 . 北京：冶金工业出版社，2004

4. 张白一 . 面向对象程序设计——Java. 西安：西安电子科技大学出版社，2005

5. 张孝祥 . Java 就业培训教程 . 北京：清华大学出版社，2008

6. 张亦辉 . Java 面向对象程序设计 . 北京：人民邮电出版社，2010

7. 辛立伟 . Java 从初学到精通 . 北京：电子工业出版社，2010

8. 靳岩、姚尚郎 . Google Android 开发入门与实战 . 北京：人民邮电出版社，2010

9. 孙宏明 . Android 手机程序设计入门、应用到精通 . 北京：中国水利水电出版社，2010

10. 关忠 . Java 程序设计实例教程 . 北京：清华大学出版社，2011

参考网站：

1. http：www. baidu. cn

2. http：ibm. com

3. http：//emuch. net/bbs/